卓越农林人才培养计划系列实验教材
国家级实验教学示范中心配套教材
江苏高校品牌专业建设工程配套实验教材

# 作物生理生态学实验

李刚华　陈　琳　王友华　主编

科学出版社
北　京

## 内 容 简 介

本书在本科课程"作物生理生态学"基础上，结合相关高校实验教学内容，以水稻、小麦、玉米、棉花、大豆等大田作物为对象，从表型监测、生理基础和分子机制 3 个层面，遴选整理了相关生理生态学实验分析方法和技术。书中部分实验技术是经典实验技术在大田作物上的应用，也有部分实验由编者在实践中反复验证后整理而成。本书共 10 章内容，每个实验均设置了实验目的、原理、用品、步骤、作业和参考文献。

本书在编写过程中力求系统全面，以满足从事作物生理生态学研究、教学和学习等不同人员的需求，可作为农学类专业学生的专业基础课实验教材，以及其他相关专业学生的选修实验教材，也可作为从事农业研究和教学人员的工具书。

**图书在版编目（CIP）数据**

作物生理生态学实验 / 李刚华，陈琳，王友华主编 . —北京：科学出版社，2021.6

卓越农林人才培养计划系列实验教材　国家级实验教学示范中心配套教材　江苏高校品牌专业建设工程配套实验教材

ISBN 978-7-03-051363-2

Ⅰ. ①作… Ⅱ. ①李… ②陈… ③王… Ⅲ. ①作物-植物生理学-实验-高等学校-教材 ②作物-植物生态学-实验-高等学校-教材 Ⅳ. ①S311-33 ②S314-33

中国版本图书馆 CIP 数据核字（2021）第 113017 号

责任编辑：丛　楠　赵萌萌 / 责任校对：严　娜
责任印制：赵　博 / 封面设计：迷底书装

**科 学 出 版 社** 出版
北京东黄城根北街 16 号
邮政编码：100717
http://www.sciencep.com

北京凌奇印刷有限责任公司印刷
科学出版社发行　各地新华书店经销

\*

2021 年 6 月第 一 版　开本：720×1000　1/16
2025 年 3 月第二次印刷　印张：11
字数：222 000

**定价：49.80 元**
（如有印装质量问题，我社负责调换）

# 《作物生理生态学实验》编写委员会

主　编　李刚华　陈　琳　王友华

编写人员（按姓氏汉语拼音排序）

　　　　陈　琳　丁承强　李　刚　李刚华　刘小军　刘晓英

　　　　唐　设　田中伟　王　笑　王友华　魏珊珊　吴　超

　　　　赵文青　周　琴

# 前　言

为了适应新农科建设发展需求，加快农学类传统专业集群改造提升的改革与实践，满足创新型农学人才培养需求，我们组织长期从事作物生理生态学科研与教学的一线教师，编写了本书。

本书基于相关高校实验教学内容和教学目标，在本科课程"作物生理生态学"教学实践的基础上，结合作物生理生态学的最新进展，以光、温、水、营养、二氧化碳等主要农田非生物生态因子对水稻、小麦、玉米、棉花、大豆等主要大田作物产量、品质及效率形成影响，从表型监测、生理指标、分子性状 3 个层次，遴选整理了相关的实验分析技术。筛选的实验技术突出作物生理生态学研究快速化、精确化、电子化新趋势，部分实验技术是经典植物生理生态学实验技术在大田作物上的针对性应用，也有部分实验技术由编者在实践中反复试验验证后整理而成。书中还特别针对相关实验技术整理了几种主要作物材料的培养准备方法。每个实验均设置了实验目的、原理、用品、步骤、作业和参考文献。本书可作为农学类及相关专业本科"作物生理生态学实验"课程教材，也可作为作物栽培学与耕作学、农业信息学等学科方向研究生、相关教师和科研人员教学研究的工具用书。

全书设置 10 章，共 68 个实验。分章编写人员如下：第一章为刘晓英、李刚华、周琴、李刚；第二章为李刚华、王笑、唐设、田中伟；第三章为王友华；第四章为陈琳、李刚华、田中伟；第五章为李刚、王友华、李刚华；第六章为吴超；第七章为丁承强；第八章为刘小军；第九章为陈琳、周琴、赵文青、魏珊珊；第十章为周琴、李刚华、赵文青。

编写过程中，南京农业大学丁艳锋教授、朱艳教授、周治国教授、姜东教授、戴廷波教授、刘正辉教授对书稿提供了许多建设性意见和建议。时任南京农业大学农学院教学副院长的黄骥教授在书稿立项、编写思路、整体框架等方面均提供了宝贵的意见。本书的出版感谢科学出版社大量细致入微的工作。本书的编写得到了国家一流本科专业建设经费和教育部新农科研究与改革实践项目——"作物科学类传统专业集群改造提升的改革与实践"等项目的大力支持，在此一并表示感谢。

本书各实验所用彩色照片多为参编人员原创，部分引用资料均尽可能注明了出处和作者，如有遗漏之处，在此致以歉意。统编工作虽然经过多轮讨论、修改，但由于编者水平和能力所限，书中难免有疏漏不妥之处，敬请各位同行和读者批评指正。

李刚华

2021 年 3 月

# 目　录

# 第一章　作物光合生理生态实验

## 实验一　作物光合速率的测定

### 一、实验目的

1. 掌握光合仪（LI-6400XT）的使用方法。
2. 了解 $CO_2$ 浓度对作物光合作用的影响。

### 二、实验原理

$CO_2$ 是光合作用的原料，主要是通过气孔进入叶片，对光合作用速率影响很大，有时起限制因子的作用。

植物对 $CO_2$ 的吸收利用具有补偿点和饱和点。$CO_2$ 补偿点是指植物光合作用吸收的 $CO_2$ 与呼吸作用释放的 $CO_2$ 相等时，环境中 $CO_2$ 的浓度值。各种植物的补偿点不同，玉米、高粱、谷子等 $C_4$ 植物的补偿点一般小于 10 μmol/mol，称为低 $CO_2$ 补偿点植物；小麦、水稻、棉花、大豆等 $C_3$ 植物的补偿点为 40～150 μmol/mol，称为高 $CO_2$ 补偿点植物。当大气中 $CO_2$ 的浓度超过 $CO_2$ 补偿点后，随 $CO_2$ 浓度的增加，光合强度将不断增强；当 $CO_2$ 浓度增加到一定限度，植物的光合强度不再增强，这时环境中 $CO_2$ 的浓度称为 $CO_2$ 饱和点。大气中 $CO_2$ 的浓度超过饱和点以后，将引起原生质中毒或气孔关闭，从而抑制光合作用的进行。农作物光合作用 $CO_2$ 的饱和点约为 1000 μmol/mol，而现在大气中 $CO_2$ 的浓度约为 380 μmol/mol，大大超过补偿点而远离饱和点。$CO_2$ 浓度的增加，必定加大光合作用的强度，增加农作物的光合产量，从而加快植物生长。

本实验以水稻植株为材料，对水稻叶片进行光合速率对 $CO_2$ 响应曲线的测定，了解 $CO_2$ 浓度对作物光合作用的影响。

### 三、实验用品

1. **材料**　水稻植株。
2. **仪器与用具**　光合仪（LI-6400XT）、直尺等。

### 四、实验步骤

1. **材料准备**　水稻抽穗后选取长势均匀一致的植株 3 盆。

**2．光合速率测定**

（1）光合仪开机进入主界面，预热约 20 min（图 1-1-1）。按"F4"进入测量菜单，进行检查（叶室是否漏气、流速显示零点、参比室和样本室 $CO_2$ 和 $H_2O$ 显示零点、叶温热电偶是否完好、匹配阀是否工作等）。

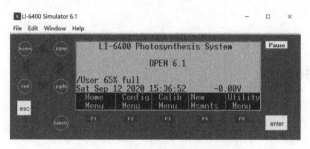

图 1-1-1　光合仪测定系统主界面

（2）$CO_2$ 混合器校准。按"esc"退回主菜单，按"F3"进入校准菜单，选择"Calibrate..."，按"enter"，自动进行 8 点校准，完成后提示"implement this cal？"，按"Y"，然后按"esc"返回主菜单（图 1-1-2）。

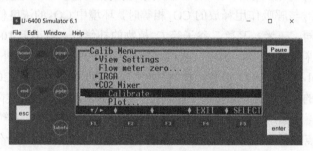

图 1-1-2　光合仪测定系统 $CO_2$ 混合器校准

（3）设定饱和光强。按"F4"进入测量菜单，先按"2"后按"F5"打开光源，按上下箭头键选择"Q）Quantum Flux 0 mol/m2/s"，按"enter"进入，设定光强为 2000，按"enter"返回测量菜单（图 1-1-3）。

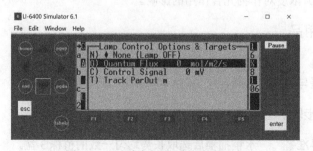

图 1-1-3　光合仪测定系统光强设定

（4）打开叶室，夹好叶片（剑叶），闭合叶室。

（5）按"1"后按"F1"，在"File"处输入一个文件名，按"enter"，输入一个标记"remark"，按"enter"返回测量菜单（图1-1-4）。

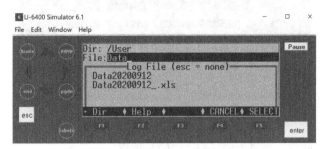

图 1-1-4 光合仪测定系统文件名设定

（6）按"5"后按"F1"，进入自动测量界面，按上下箭头键选择"A-Ci Curve"，按"enter"进入，出现"Desired Ca values（mol/mol）"，设定梯度为"380 200 1000 50 380 380 800 1500 2000"（注意数值间有一定空格间隔，图1-1-5）；按"enter"后出现"Minimum wait time（secs）"，设定60；按"enter"后出现"Maximum wait time（secs）"，设定300；按"enter"后出现"Match if |$\Delta CO2$| less than （ppm）"，设定20；按"enter"后出现"Stability Definition OK？"，按"Y"，进入自动测量（图1-1-6）。

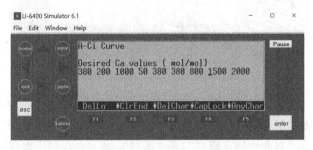

图 1-1-5 光合仪测定系统 $CO_2$ 梯度设定

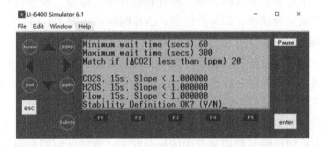

图 1-1-6 光合仪测定系统测定时间及匹配设定

（7）测量结束后按"1"，然后按"F3"保存文件（图 1-1-7）。

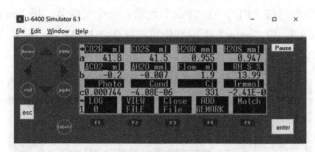

图 1-1-7　光合仪测定系统文件保存

（8）更换叶片，重复上述（4）～（7）步骤。

（9）导出数据。用 RS-232 数据线连接电脑和光合仪，按"esc"退回主界面，按"F5"，按上下箭头键选择"File Exchange Mode…"（图 1-1-8）；在电脑上双击打开 LI-6400 File Exchange 2.05 软件，点击"File"，选择"Prefs"（图 1-1-9），弹出窗口"Connection at Port"设定端口（图 1-1-10），然后按"Connect"，导出光合仪中的数据（图 1-1-11）。按"esc"，退回光合仪主界面，关机。

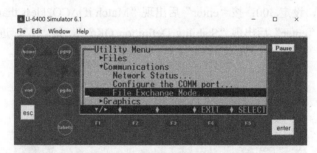

图 1-1-8　光合仪测定系统数据导出

**3. 光合参数的估算**　　打开光合计算 4.1.1 软件，选择"光合作用对 $CO_2$ 响应模型"中的"双曲线修正模型"（图 1-1-12），将光合仪导出数据中的胞间 $CO_2$ 浓度（Ci）和净光合速率（Pn）输入软件相应空格，点击"模拟计算"即可估算光合参数：最大光合速率、$CO_2$ 补偿点、$CO_2$ 饱和点（图 1-1-13）。

**4. 注意事项**

（1）检查叶室是否漏气，需要将化学管调到完全吸收"Scrub"位置，然后在叶室四周吹气，如果发现 a 行样品室 $CO_2$ 的读数变化小于 2 μmol/mol，说明叶室密封性比较好。

（2）每次开始测量前，进行一次匹配。

（3）结束后把化学管旋钮旋至中间松弛状态；旋转叶室固定螺丝，保持叶室处于打开状态。

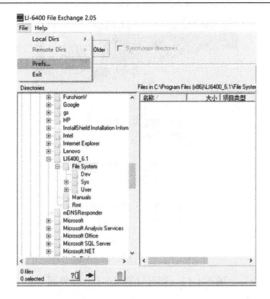

图 1-1-9　LI-6400 File Exchange 2.05 软件界面

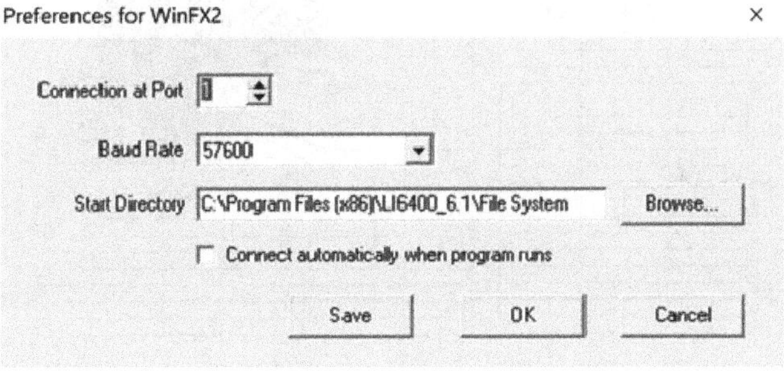

图 1-1-10　LI-6400 File Exchange 2.05 软件端口设置

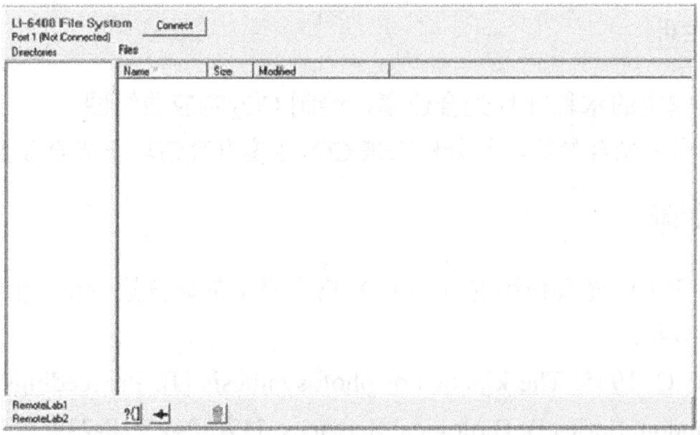

图 1-1-11　LI-6400 File Exchange 2.05 软件数据导出界面

图 1-1-12　光合计算 4.1.1 软件界面

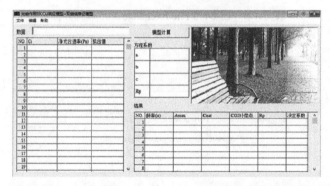

图 1-1-13　光合计算 4.1.1 软件 $CO_2$ 响应曲线参数模拟计算

## 五、实验作业

1．根据测定的水稻叶片光合速率，绘制 $CO_2$ 响应曲线图。

2．估算水稻光合参数，并分析未来 $CO_2$ 浓度升高情境下光合参数如何变化？

## 六、参考文献

叶子飘. 2010. 光合作用对光和 $CO_2$ 响应模型的研究进展[J]. 植物生态学报，34（6）：727-740.

Baly E C C. 1935. The kinetics of photosynthesis [J]. Proceedings of the Royal Society of London. Series B, Biological Sciences, 117(804): 218-239.

Sharkey T D, Bernacchi C J, Farquhar G D, et al. 2007. Fitting photosynthetic carbon dioxide response curves for C₃ leaves [J]. Plant, Cell & Environment, 30(9): 1035-1040.

Thornley J H M. 1976. Mathematical Models in Plant Physiology [M]. London: Academic Press.

Von Caemmerer S, Farquhar G D.1981. Some relationships between the biochemistry of photosynthesis and the gas exchange of leaves [J]. Planta, 153(4): 376-387.

# 实验二　不同光强对作物光合速率的影响

## 一、实验目的

了解光强对作物光合速率的影响。

## 二、实验原理

光合作用是一个光生物化学反应，光合速率在一定范围内随着光照强度的增强而增强。在黑暗中，光合作用停止，而呼吸作用不断释放 $CO_2$；随着光照增强，光合速率逐渐增强，逐渐接近呼吸速率，最后光合速率与呼吸速率达到动态平衡，此时的光照强度称为光补偿点。一般来说，阳生植物的光补偿点为 9～18 μmol/（$m^2 \cdot s$），而阴生植物的则小于 9 μmol/（$m^2 \cdot s$）。当光照强度在光补偿点以上继续增加时，光合速率成比例增加，光合速率和光照强度呈直线关系。当光照强度继续增加超过一定范围之后，光合速率的增加转慢；当达到某一光照强度时，0光合速率不再增加，此时的光照强度称为光饱和点。光照强度通过影响植物的光合作用和生理生化系统来影响植物的干物质累积、转运及品质。

本实验以水稻植株为材料，对水稻进行不同光强处理，并分别测定其饱和光强下的光合速率。

## 三、实验用品

1. **材料**　　水稻植株。

2. **仪器与用具**　　光合仪（LI-6400XT）等。

## 四、实验步骤

1. **材料准备及实验处理**　　水稻灌浆期采用不同密度的黑色尼龙遮阳网进行遮阴处理，设 3 个光照强度（光照强度分别为自然光强的 100%、60%、20%），每处理 3 次重复，小区面积 2.5 m×4 m，遮阳网距地面 2 m。在遮阴处理过程中，每天 8:00 之前将网拉开，17:00 之后将网收起。6 d 后每个光强处理选取长势均匀一致的植株各3盆，每盆选3片剑叶进行测定。

**2. 光合速率测定**

（1）光合仪开机、预热、检查，同第一章实验一步骤2.（1）。

（2）$CO_2$混合器校准，同第一章实验一步骤2.（2）。

（3）按"F4"进入测量菜单。按"2"后再按"F3"，按上下箭头键选择"R) Ref CO2 400 mol/mol"，按"enter"，设定$CO_2$浓度为380 mol/mol，按"enter"返回测量菜单（图1-2-1）。

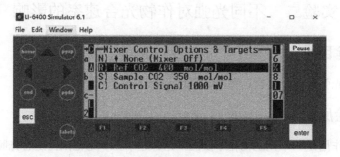

图1-2-1　光合仪测定系统$CO_2$浓度设定

（4）打开叶室，夹好叶片，闭合叶室。

（5）同第一章实验一步骤2.（5）。

（6）按"5"后按"F1"，进入自动测量界面，按上下箭头键选择"Light Curve"，按"enter"进入，出现"Desired lamp settings（mol/m2/s）"，设定梯度为"2000 1500 1000 800 500 200 100 50 20 0"（注意数值间有一定空格间隔）；按"enter"后出现"Minimum wait time（secs）"，设定120；按"enter"后出现"Maximum wait time（secs）"，设定200；按"enter"后出现"Match if |ΔCO2| less than（ppm）"，设定20；按"enter"后出现"Stability Definition OK？"，按"Y"，进入自动测量（图1-2-2）。

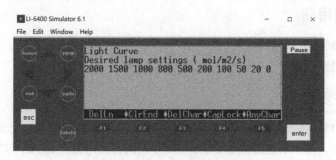

图1-2-2　光合仪测定系统光强梯度设定

（7）测量结束后按"1"，然后按"F3"保存文件。

（8）更换叶片，重复上述（4）～（7）步骤。

（9）同第一章实验一步骤 2.（9）。

**3．光合参数的估算**　　打开光合计算 4.1.1 软件，选择"光合作用对光响应模型"中的"双曲线修正模型"，将光合仪导出数据中的光强（$I$）和净光合速率（Pn）输入软件相应空格，点击"模拟计算"即可估算光合参数：最大光合速率、光补偿点、光饱和点（图 1-2-3）。

图 1-2-3　光合计算 4.1.1 软件光响应曲线参数模拟计算

**4．注意事项**

（1）遮阳网距地面 2 m，以保证良好的通风条件，消除温差。

（2）确保在每天光照较强、水稻光合速率较高的时间段进行弱光处理，同时消除夜间遮阳网对地面长波辐射吸收引起的网内外温差。

## 五、实验作业

1．依据测定的光合速率及估算光合参数，从作物生理学角度分析水稻叶片对不同光强的响应。

2．水稻灌浆期不同光强处理会对产量产生什么影响？

## 六、参考文献

叶子飘. 2010. 光合作用对光和 $CO_2$ 响应模型的研究进展[J]. 植物生态学报，34（6）：727-740.

Bernacchi C J, Pimentel C, Long S P. 2003. *In vivo* temperature response functions of parameters required to model RuBP-limited photosynthesis [J]. Plant, Cell & Environment, 26(9): 1419-1430.

Bernacchi C J, Singsaas E L, Pimentel C, et al. 2001. Improved temperature response functions for models of Rubisco-limited photosynthesis [J]. Plant, Cell & Environment, 24(2): 253-259.

# 实验三　作物群体光合速率的测定

## 一、实验目的

1. 了解作物群体光合速率测定原理，掌握作物群体光合速率测定方法。
2. 分析作物群体光合速率和作物群体物质积累的关系。

## 二、实验原理

植物光合作用是指绿色植物在阳光照射下吸收 $CO_2$ 和水，合成碳水化合物并释放 $O_2$ 的过程。依据这个原理，测定光合速率一般有三种途径：①测定叶片干物质积累速率；②测定叶片释放 $O_2$ 速率；③测定叶片吸收 $CO_2$ 速率。

红外线 $CO_2$ 气体分析仪的问世和普及，为测定 $CO_2$ 交换速率提供了一种良好的方法。近年来，人们发现用测定部分单叶的结果去研究作物光合作用与产量的关系，常常会造成很大误差，并得出截然不同的结论，因为单叶的测定结果并不能代表冠层的光合作用状况。群体光合速率测定就是制作一个相对封闭的同化箱，将一定数量的植物围在里面，形成一个小群体，然后测定作物冠层单位时间内 $CO_2$ 的变化量，进而计算大田作物的群体光合速率。

## 三、实验用品

1. **材料**　小麦或其他主要农作物群体。
2. **仪器与用具**　同化箱：60 cm×90 cm×100 cm 铁框架（图 1-3-1 A），外面用透光率为95%的聚酯膜密封；内置直径为20 cm 的小型风扇（用来混匀空气和提高箱内温度的均匀度）、温度计（用于测定同化箱内温度）；所用仪器为 GXH-3010E1 型便携式红外线分析仪（图 1-3-1 B）。

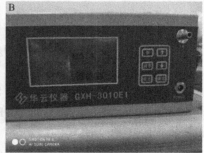

图 1-3-1　作物群体光合速率测定的仪器与用具

## 四、实验步骤

**1. 红外线分析仪调试与准备**　　仪器预热 10～20 min，操作调零按钮进行调零，调至待测状态。具体过程参照说明书。

**2. 同化箱的安置**　　选择地势较为平坦的试验田，从中选取代表性植株群体，将同化箱罩于植物冠层之上进行密封（同化箱底部用土壤进行密封，以空箱测定结果为对照，如果箱内 $CO_2$ 浓度与大气中差异较大，可先打开箱盖进行平衡）。打开小电风扇，关闭同化箱盖。

**3. 测定**　　用橡胶管将红外线分析仪和同化箱连接。当箱内 $CO_2$ 浓度开始稳定下降后（大约盖箱后 20 s），迅速记下仪器上显示的箱内 $CO_2$ 初始值（$C_1$），2 min 后记下箱内 $CO_2$ 终止值（$C_2$）。根据前后两次的差值和测定时的温度，可按下面公式计算出群体光合速率。

$$CAP = \frac{(C_1 - C_2) \times V \times 60}{At} \times \left( \frac{44000}{22.4} \times \frac{273}{273 + T} \right) \times \frac{P}{760}$$

式中，CAP 为冠层光合作用强度 [$g\ CO_2/(m^2 \cdot h)$]；$C_1 - C_2$ 为初始 $CO_2$ 浓度－终止 $CO_2$ 浓度（$mg/m^3$）；$V$ 为同化箱体积（$m^3$）；$A$ 为土地面积（$m^2$）；$t$ 为测定时间（min）；$T$ 为测定温度（℃）；$P$ 为大气压（Pa）。

**4. 注意事项**

（1）选择晴朗天气的中午 9:00～11:00 光强比较稳定时测定。测定过程中同化箱要严格封闭，不能漏气。箱盖要扣紧，箱底铁皮要插入土中或用土埋好。土壤呼吸可以另测一空白点加以校正。

（2）测定时间依作物种类、群体大小、生育时期而定。

## 五、实验作业

1. 于作物关键生育时期（如小麦拔节期、抽穗期或者开花期等）到田间实地测量作物的群体光合速率。

2. 以不同处理的作物群体（不同密度、不同播期或不同肥料等）为对象，测定其群体光合速率大小并比较处理间差异。

## 六、参考文献

董树亭. 1988. 大田条件下作物群体光合作用的研究及测定方法[J]. 耕作与栽培，（3）：62-64.

马富裕，张旺锋，李锦辉，等. 1998. 棉花群体光合作用测定方法探讨[J]. 石河子大学学报（自然科学版），（s1）：46-50.

# 实验四　作物消光系数的测定

## 一、实验目的

1. 掌握作物消光系数的概念，学习其测定方法。
2. 了解光照强度对作物生长发育的影响。

## 二、实验原理

因作物叶片着生状态和层次分布存在差异，光能在作物群体各层次的分布不同，进而影响群体的光合速率和光能利用率（Gu et al., 2017；Li et al., 2009）。目前，光在作物群体中的分布特点与规律是小气候、农业气象、多熟种植、农田生态中经常要讨论的重要问题（Acreche and Slafer, 2009；Li et al., 2012）。

消光系数（$K$）是单位叶面积引起的群体透光率减少的对数值，是作物群体光照强度垂直方向衰减的特征常数，在作物进行合理密植时具有重要的参考价值（Huang et al., 2016；Xue et al., 2016）。根据光强的分布规律，估计群体的最适叶面积指数，可为高产栽培提供科学依据。群体消光系数可按门司-佐伯的公式计算：

$$K=-\frac{1}{LAI}\times\ln(I_0-I_F)$$

式中，$I_F$ 为作物群体某一叶层处的光照强度（或光合有效辐射）；$I_0$ 为作物冠层顶部的自然光照强度（或光合有效辐射）；LAI 为作物群体的叶面积指数。

本实验以大田作物（水稻、小麦、玉米等）为材料，通过测定作物群体不同冠层部位的光照强度（或光合有效辐射）和作物群体叶面积指数指标，了解消光系数对作物群体生长的影响，明确作物群体的最适叶面积指数。

## 三、实验用品

**1. 材料**　　水稻（小麦、玉米）开花期植株样品。

**2. 仪器与用具**　　SS-ST-102 型光照强度测定仪（或 Sunscan 冠层分析仪）、LI-3100C 叶面积测定仪、米尺等。

## 四、实验步骤

**1. 叶面积指数的测定**　　叶面积指数（LAI）是指单位土地面积作物的叶面积大小，叶面积指数根据测定的叶面积换算获得。LAI＝叶片总面积/土地面积。在田间测定株行距，计算单位面积穴数；选择有代表性的 3 穴，取样，用

LI-3100C 叶面积测定仪测量植株叶面积。

$$LAI = \frac{叶面积}{3} \times \frac{1}{株距 \times 行距}$$

**2. $I_F$ 和 $I_0$ 的测定**　利用光照强度测定仪（或 Sunscan 冠层分析仪）测定群体顶部的自然光照强度（或光合有效辐射，PAR）$I_0$ 和基部的光照强度（或 PAR）$I_F$（Singer et al., 2011）。

测定点一般以 10～15 个为宜。在晴天正午，天气状况稳定的情况下，使用光照强度测定仪（或 Sunscan 冠层分析仪）进行测量，多次重复测量，求平均值。

**3. 消光系数计算**　将求出的叶面积指数（LAI）、$I_0$、$I_F$ 代入下式计算群体的消光系数。

$$K = -\frac{1}{LAI} \times \ln(I_0 - I_F)$$

**4. 注意事项**

（1）叶面积测定应选择长势一致的水稻植株取样，同时采完样之后，尽快完成叶面积的测定，避免因叶片卷曲带来的实验误差。

（2）进行光照强度测量时，一般采用杆式探头，因此应保持探头水平。

## 五、实验作业

选择 3～5 个不同作物群体，选择在抽穗期或者开花期到田间实地测量 $I_0$ 和 $I_F$，计算群体的消光系数。

## 六、参考文献

Acreche M M, Slafer G A. 2009. Grain weight, radiation interception and use efficiency as affected by sink-strength in Mediterranean wheats released from 1940 to 2005 [J]. Field Crops Research, 110(2): 98-105.

Gu J, Chen Y, Zhang H, et al. 2017. Canopy light and nitrogen distributions are related to grain yield and nitrogen use efficiency in rice [J]. Field Crops Research, 206: 74-85.

Huang M, Shan S, Zhou X, et al. 2016. Leaf photosynthetic performance related to higher radiation use efficiency and grain yield in hybrid rice [J]. Field Crops Research, 193: 87-93.

Li D, Tang Q, Zhang Y, et al. 2012. Effect of nitrogen regimes on grain yield, nitrogen utilization, radiation use efficiency, and sheath blight disease intensity in super hybrid rice [J]. Journal of Integrative Agriculture, 11(1): 134-143.

Li G, Xue L, Gu W, et al. 2009. Comparison of yield components and plant type characteristics of high-yield rice between Taoyuan, a 'special eco-site' and Nanjing, China [J]. Field Crops Research, 112(2/3): 214-221.

　　Singer J W, Meek D W, Sauer T J, et al. 2011. Variability of light interception and radiation use efficiency in maize and soybean [J]. Field Crops Research, 121(1): 147-152.

　　Xue W, Lindner S, Nay-Htoon B, et al. 2016. Nutritional and developmental influences on components of rice crop light use efficiency [J]. Agricultural and Forest Meteorology, 223: 1-16.

# 实验五　作物光能利用率的测定

## 一、实验目的

　　1. 掌握光能利用率（RUE）的计算和测定方法。
　　2. 了解光能利用率对作物生长发育的影响。

## 二、实验原理

　　光照是作物生长的必要条件。光照强度对植物的生长及形态结构具有重要作用。作物产量的形成主要依靠绿色叶片的光合作用，而太阳光能是作物进行光合作用、制造有机物的主要能量来源，它直接影响作物生长发育和产量的形成，是作物产量形成的基础（Katsura et al., 2008；Li et al., 2009）。

　　光能利用率是指单位土地面积上，农作物光合作用产生的有机物中所含的能量与这块土地所接受的太阳能的百分比。参照文献中的公式计算（李刚华等，2009）：

$$RUE = \frac{CGR}{IPAR\left[1 - \exp(-K \cdot LAI)\right]}$$

式中，CGR（crop growth ratio）为作物生长速率，即单位时间单位面积作物干物质积累量 $[g/(m^2 \cdot h)]$；IPAR 为作物群体的光合有效辐射截获量 $[k, J/(m^2 \cdot h)]$；$K$ 为作物群体消光系数；LAI 为作物群体叶面积指数。

　　本实验以大田作物（水稻、小麦、玉米等）为材料，通过测定作物群体的生长速率、光合有效辐射截获量及叶面积指数等指标，来了解光能利用率的测定方法及其对作物群体生长的影响。

## 三、实验用品

　　**1. 材料**　　水稻（小麦、玉米）关键生育期（如孕穗期、抽穗开花期）植株样品。
　　**2. 仪器与用具**　　Sunscan 冠层分析仪、LI-3100C 叶面积测定仪、烘箱、电子天平、米尺、剪刀、信封等。

## 四、实验步骤

于水稻、小麦、玉米等作物生长关键生育期（如孕穗期、抽穗开花期）分别取样，进行如下实验指标测定。

（1）叶面积指数和消光系数。具体参照第一章实验四的方法测定叶面积指数（LAI）和消光系数（$K$）。

（2）光合有效辐射截获量。于水稻、小麦、玉米等关键生育期（如抽穗开花期）测定作物群体冠层光合有效辐射（$I_0$）和基部光合有效辐射（$I_F$），计算作物群体的光合有效辐射截获量（IPAR）（Acreche and Slafer，2005）。

$$IPAR = I_0 - I_F$$

（3）作物生长速率。两次取得样品按照不同部位分装、烘干、称重，计算相邻两个生育期内（一定天数）干物质积累量，即作物生长速率（CGR）（Katsura et al., 2007）。

（4）光能利用率计算。将实验测得作物生长速率（CGR）、光合有效辐射截获量（IPAR）、叶面积指数（LAI）和消光系数（$K$）代入下式计算：

$$RUE = \frac{CGR}{IPAR[1 - \exp(-K \cdot LAI)]}$$

$$CGR = \frac{1}{P} \times \frac{dW}{dt} = \frac{1}{L} \times \frac{dW}{dt} \times F = NAR \times LAI$$

式中，$P$ 为土地面积；$L$ 为总叶面积；$F$ 为单位土地面积上的叶面积，即 LAI；NAR 为净同化率。

## 五、实验作业

1. 测定 3～5 个作物群体的特定生育阶段的光能利用率，并进行比较。
2. 明确作物群体叶面积指数、光能利用率及作物生长速率与作物产量的内在联系。

## 六、参考文献

李刚华，张国发，陈功磊，等．2009．超高产常规粳稻宁粳 1 号和宁粳 3 号群体特征及对氮的响应[J]．作物学报，35（06）：1106-1114．

Acreche M M, Slafer G A. 2009. Grain weight, radiation interception and use efficiency as affected by sink-strength in Mediterranean wheats released from 1940 to 2005 [J]. Field Crops Research, 110(2): 98-105.

Katsura K, Maeda S, Horie T, et al. 2007. Analysis of yield attributes and crop physiological traits of Liangyoupeijiu, a hybrid rice recently bred in China [J]. Field

Crops Research, 103(3): 170-177.

Katsura K, Maeda S, Lubis I, et al. 2008. The high yield of irrigated rice in Yunnan, China: 'a cross-location analysis' [J]. Field Crops Research, 107(1): 1-11.

Li G, Xue L, Gu W, et al. 2009. Comparison of yield components and plant type characteristics of high-yield rice between Taoyuan, a 'special eco-site'and Nanjing, China [J]. Field Crops Research, 112(2/3): 214-221.

# 实验六　LED 光源及其光谱能量分布的测定

## 一、实验目的

1. 认识 LED 光源的类型、构造及造型。
2. 掌握 LED 光源光谱测定的方法。
3. 掌握 LED 光源光量子通量密度的测定方法。
4. 了解表示光照强度的单位及相互关系。

## 二、实验原理

　　LED（light emitting diode，LED）光源是新型的第四代光源，是以发光二极管为发光体的光源，具有效率高、寿命长的特点。LED 由数层很薄的掺杂半导体材料制成，其中一层为 N 型半导体，一层为 P 型半导体。当有电流通过发光二极管时，电子和空穴相互结合并释放出能量，从而辐射出光芒。基于发光材料的变化，LED 光源可以发出不同颜色的光。LED 光源的光谱能量分布是指 LED 的光谱（即光质）和光密度的具体特征。LED 光质通常有两种表示方法：一种用峰值波长±半波宽来表示。峰值波长是指光谱的光量子通量密度最大值所对应的波长；半波宽是指峰值波长的光量子通量密度的 1/2 所对应两波长的间隔，如 630 nm±15 nm，表示其峰值波长为 630 nm，半波宽为 15 nm。另一种表示方法是用光谱分布图来表示，即相对光量子通量密度随波长变化的特征图。

　　LED 光源根据其发光强度的不同可分为高亮度和高功率两种类型。LED 光源的造型多样，如果按其外形特点分，主要有环形光源、条形光源、回形光源、面光源、点光源等几类。不同类型的光源其发光强度和光照均匀性会有所不同。光源的发光强度通常用光照强度来表示。近年来，学者通过对发光强度单位物理意义的深层次解析，认为用光密度来表示发光强度更具有合理性。其国际通用单位为 $\mu mol/(m^2 \cdot s)$，但有的照度仪测量的光密度单位可能为 $W/m^2$ 或 lx（注意它们之间的换算关系。不同厂家生产的照度仪的光密度单位之间的换算关系存在差异，但目前尚无标准可参考，建议采用 LI-250 照度仪所使用的换算关系）。在采用照度仪测量时，光源的光密度值和测量仪器与光源的距离相关。通常，仪器离光源越近，光密度值越高。因此，在测量时请定量仪器与光源的距离。

## 三、实验用品

高亮度 LED 光源、高功率 LED 光源、不同造型 LED 光源、光谱仪、照度仪等。

## 四、实验步骤

**1. 光谱测量（以 OPT-2000 光谱仪为例）**

（1）将光谱仪数据线与电脑连接。

（2）安装光谱仪自带测量软件。

（3）将光谱探头与光谱仪连接。

（4）在黑暗处，打开需测量光谱的 LED 光源。

（5）打开测量软件，测量 LED 光源的光谱。

（6）存储光谱数据。

（7）分析数据并做出光谱分布图。

**2. 光照强度测定（以 LI-250 照度仪为例）**

（1）熟悉 LI-250 照度仪测量界面。

（2）熟悉正确的测量流程。

（3）了解照度仪光照强度的单位设置。

（4）打开所测的 LED 光源。

（5）将照度仪探头放在固定位置测量 LED 光源光量子通量密度，并记录数据。

（6）将照度仪探头放在距光源不同位置，测量光量子通量密度，并记录数据。

（7）将照度仪放在固定位置，切换不同光照单位测量光源的光照强度，了解光照单位之间的换算关系。

## 五、实验作业

1. 分析不同类型的 LED 光源的光谱分布数据，定量光源的峰值波长和半波宽。

2. 思考光源的光谱分布和光源的能量分布之间的关系。

3. 试分析光照强度与探头距光源的距离之间的关系。

4. 试分析不同光照单位的换算关系。

## 六、参考文献

陈凤. 2008. 基于 LED 的光谱分布可调光源系统的研制及应用[D]. 合肥：中国科学院合肥物质科学研究院博士学位论文.

贾宁，蒋水秀.2012.基于 LED 的光谱可调光源结构研究[J].光学仪器，34（5）：70-74.

康华光.2013.电子技术基础模拟部分[M].6 版.北京：高等教育出版社.

刘晓英，焦学磊，要旭阳，等.2015.水冷式植物工厂 LED 面光源及散热系统的研制与测试[J].农业工程学报，31（17）：244-247.

刘晓英，徐志刚，焦学磊，等.2012.可调 LED 光源系统设计及其对菠菜生长的影响[J].农业工程学报，28（1）：208-212.

杨光.2017.LED 植物生长灯的开发及应用[J].中国照明电器，3：34-41.

# 实验七　光质对作物生长的影响

## 一、实验目的

1．了解光质的精确调制方法。
2．了解人工光照条件下光密度及光周期的调控方法。
3．了解水稻秧苗对光质的适应性和选择性。

## 二、实验原理

光质，即光的波长。太阳辐射是植物的能量来源，影响植物的光合作用、次生代谢和信号调节。太阳辐射光线主要包括 γ 射线、X 射线、紫外光、可见光、红外光和无线电波等光谱，日光的光谱成分如图 1-7-1 所示。植物对光质的吸收利用具有选择性，其中 400～700 nm 的可见光是植物的光合生理有效辐射。植物对光质的需求还有特异性，不同的植物对光质的需求不同。大量的研究表明，红光和蓝光是植物所需的重要光质，决定着植物的健康生长。但是，植物对红光和蓝光的需求量又因植物的不同而存在差异。

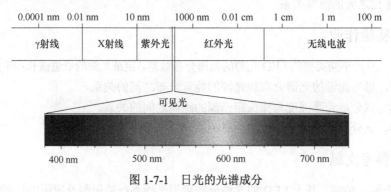

图 1-7-1　日光的光谱成分

通常，植物通过不同的光受体感受光质信号。目前，研究发现植物体内至少存在 4 种光受体，其中感受红光和远红光的光受体是光敏色素；隐花色素主要感受蓝光和近紫外区域的光；向光色素也是蓝光的光受体，影响植物的向光性反应；此外，还有感受蓝绿光的 ZTLS 家族，感受紫外光 B 区域的是 UV-B 受体。光受体通过感受不同光质的光，触发植物的发育调控，影响植物的生长。

室内水稻育秧是应对气候变化、从事水稻生产的重要策略之一，而室内水稻育秧的人工光源的选择尤为重要。近 20 年的研究表明，去除成本因素，LED 光源是室内种植植物的优选光源。LED 光源是新型的第四代光源，是一种冷光源，具有寿命长、低能耗、产热量小等诸多优点，且可以柔性地组合为研究所需的各种光谱，是探究植物对光的适应性响应的理想光源。

本实验以水稻为实验材料，通过比对不同光质条件下水稻秧苗的形态变化和生长差异，计算壮苗指数，了解水稻秧苗对光质的适应性和选择性。

## 三、实验用品

**1. 材料**　水稻。

**2. 仪器与用具**　环境可控生长室或生长箱、LED 灯、光调控装置、智能定时装置、栽培架、栽培基质、苗盘或苗钵、照度仪、光谱仪、游标卡尺、直尺、电子天平等。

## 四、光照条件及其他环境条件

（1）光质处理：红色 LED、蓝色 LED、白色 LED、红蓝组合 LED 和红蓝绿组合 LED。

（2）光密度：300 μmol/（m$^2$·s）±20 μmol/（m$^2$·s）；光周期：12 h；$CO_2$ 浓度：同大气浓度。

（3）日温：30℃±2℃；夜温：20℃±2℃；湿度：60%～80%；正常水肥管理。

## 五、实验步骤

（1）调制光源的光谱并测定其光谱分布，设置光照条件并调控其他环境因子。

（2）实验材料浸种、催芽后播于苗盘或苗钵。

（3）待出苗后置于红色 LED、蓝色 LED、白色 LED、红蓝组合 LED 和红蓝绿组合 LED 下进行光照处理。

（4）每天观察植株生长状况并记录生长日志。

（5）光照处理 20～30 d 后，测量生长指标（株高、叶面积、茎粗、干重和鲜重等）。

（6）测定指标的同时拍照记录植株生长状况。

（7）处理分析数据，记录结果。

## 六、实验作业

1. 比较不同光质对水稻生长的影响。

2. 试分析为什么不同光质条件下水稻秧苗生长存在差异。

3. 试确立调控人工光照使作物优质高产应该遵循的原则。

## 七、参考文献

郭银生，谷艾素，崔瑾. 2011. 光质对水稻幼苗生长及生理特性的影响[J]. 应用生态学报，22（6）：1485-1492.

刘晓英，焦学磊，徐志刚，等. 2013. 红蓝 LED 光对水稻秧苗形态建成的影响[J]. 照明工程学报，（s1）：162-167.

刘晓英，吴丹，焦学磊，等. 2015. 不同光谱能量分布对水稻秧苗生长的影响[J]. 南京农业大学学报，38（5）：735-741.

# 第二章　作物温度生理生态实验

## 实验一　田间红外辐射器增温处理方法

### 一、实验目的

1．了解田间红外辐射器增温设备的使用原理。
2．了解田间红外辐射器增温设备的使用方法。
3．了解水稻对田间红外辐射器温度增加的适应性特征。

### 二、实验原理

全球气候变暖已经成为不争的事实。政府间气候变化专门委员会（IPCC）最新的评估报告显示，1880~2012年，全球地表平均温度大约升高了0.85℃；未来温室气体排放将会造成全球温度进一步升高，如果不实行减排模式，预计到21世纪末全球平均气温将增加2.6~4.8℃。气候变暖呈现出非对称性的趋势，即夜间温度上升幅度大于白天，气温日差逐渐缩小。中国气候变暖趋势与全球基本一致，1913年以来，我国地表平均温度上升了0.91℃，最近60年气温上升尤其明显。预计到2050年我国平均气温可能升高1.2~2.0℃，到2100年可能升高2.2~4.2℃。

红外辐射器装置主要是通过在植株冠层上方悬挂可散发红外辐射的加热器进行增温，红外辐射器加热能够非破坏性地传递，对夜间温度的提升大于白天，符合百年内气候变暖的幅度且可以反映气候变暖的非对称性特征。在有效提升冠层温度的同时，田间红外辐射装置未明显改变除温度以外的其他环境因子，$CO_2$浓度、光照强度、相对湿度在不同温度处理间几乎没有差异，能够较好地模拟全球气候变暖的趋势。增温装置按照六边形增温设计，即将稻田开放式增温系统安装在稻田中，使用型号为FTE-1000-240-0-L10-Y 1000 W 240 V陶瓷加热器进行增温处理。本实验以水稻植株为材料，通过田间红外辐射器增温方式处理，对水稻植株进行相关指标观测，了解田间红外辐射增温方式对作物生长发育的影响。

### 三、实验用品

**1．材料**　水稻（或其他主要农作物）群体。
**2．仪器与用具**　红外辐射器装置、土壤加热管道和电缆、栽培架、栽培基质、苗盘或苗钵、游标卡尺、直尺、电子天平等。

## 四、实验步骤

（1）田间红外辐射器的安装与调试。加热装置安装在距离水稻冠层 1.2 m 处进行增温处理。增温小区为三角形，每条边安装 4 个加热器，4 个加热器两两一组，固定在支架上，相邻的两个加热器的中间点距最近的三角形顶点 1.5 m，加热器水平方向夹角为 45°，垂直方向夹角 30°，有效增温面积约为 7m²。

（2）将水稻样品置于红外辐射器下进行增温处理。

（3）每天观察植株生长状况并记录温度及生长日志。

（4）光照处理 20～30 d 后，测量生长指标（株高、叶面积、茎粗、干重和鲜重等）。

（5）测定指标的同时拍照记录植株生长状况。

（6）处理分析数据，记录结果。

## 五、实验作业

1．整理测定生长指标数据，并进行统计分析。

2．分析田间红外辐射器增温方式对植株生长存在差异的原因。

3．分析作物生长对全球气候变暖的适应性特征，并从栽培角度提出潜在的应对途径。

## 六、参考文献

戴云云，丁艳锋，刘正辉，等．2009．花后水稻穗部夜间远红外增温处理对稻米品质的影响[J]．中国水稻科学，23（4）：414-420.

Rehmani M I A, Zhang J Q, Li G H, et al. 2011. Simulation of future global warming scenarios in rice paddies with an open-field warming facility [J]. Plant Methods, 7(1): 41.

# 实验二　土壤温（湿）度的测定

## 一、实验目的

1．学习土壤温（湿）度的测定方法。

2．了解土壤温（湿）度变化对水稻生长发育的影响。

## 二、实验原理

土壤温度是影响土壤环境的重要因素之一，而且温度高低对作物的生长、节水灌溉有着重要的作用。利用土壤温度测试仪测量土壤温度，不仅能保障土壤温度测定数据的准确性，还可以为农田作物管理提供科学的依据，有利于提高农作物的产量和质量。土壤温度测试仪又称为多点土壤温度记录仪、多点土壤温度仪，通过土壤温度探头以及湿度传感器可以全程跟踪记录被测环境中的温度、湿度等数据。

本实验以水稻植株为材料，通过土壤增温方式处理，对水稻植株进行相关指标观测，了解土壤温度变化对作物生长发育的影响。

## 三、实验用品

**1. 材料**　　水稻。

**2. 仪器与用具**　　6 通道土壤温（湿）度测试仪、土壤加热管道和电缆、栽培架、栽培基质、苗盘或苗钵、游标卡尺、直尺、电子天平等。

## 四、实验步骤

（1）土壤温（湿）度测试仪设备的安装与调试。

（2）去除被测土壤表面覆盖物，在测量前使用干布将探头金属表面擦拭干净。初次使用该仪器时，建议反复测试几次再读数，以免探头金属表面的保护油层对水分值和 pH 造成影响。

（3）土壤温度测定：各小区分 5 cm、10 cm、15 cm、20 cm、25 cm 5 个土层分别测定，将土壤温（湿）度测试仪探头埋入各小区行间，全生育期均在固定地方读取地温。测定时，均选在干燥晴天的早晨（6:00～8:00）、中午（12:00～14:00）和傍晚（17:00～18:30）三次测定，日均温取早、中、晚三次测定平均值。

（4）在测量时，注意要将探头电极全部插入土壤里面且要确保电极和边上的土壤紧密接触。

（5）为了确保测量土壤的温（湿）度值，需将探头插入土壤约 10 min，测量多个数值，取平均值。

（6）使用后不要忘记将探头擦拭干净。

（7）处理期间，每隔 5 d 测量生长指标（株高、叶面积、茎粗、干重和鲜重等）。

（8）测定指标的同时拍照记录植株生长状况。

（9）处理分析数据，记录结果。

## 五、实验作业

1. 整理测定数据，并进行统计分析。

2. 分析土壤温（湿）度变化对水稻生长发育的影响特征。

3. 分析土壤温（湿）度变化对水稻产量产生影响的原因。

## 六、参考文献

陈素英，张喜英，裴冬，等. 2005. 玉米秸秆覆盖对麦田土壤温度和土壤蒸发的影响[J]. 农业工程学报，21（10）：171-173.

王友生，王多尧. 2017. 不同覆盖种植模式对马铃薯土壤温度、水分及产量的影响[J]. 干旱地区农业研究，35（6）：59-64.

# 实验三　高温对作物花粉活力的影响

## 一、实验目的

1. 学习花粉活力的测定方法。
2. 了解高温对花粉活力的影响。

## 二、实验原理

花粉活力的测定方法很多，其中发芽实验过程较复杂，设备要求较高，需时也较长。为了简易而迅速地测定花粉活力，常采用化学染色的方法，但是此法也有缺点，就是染上色的花粉不一定都具有活力，因为染上色的花粉中也包括了那些生活力弱不能正常发芽的花粉，所以一般常用的较为可靠的方法仍然是染色鉴定法（TTC 法）。TTC 即 2 ,3, 5-三苯基四唑氯化物。主要原理在于检验花粉呼吸过程中脱氢酶的活性。具有活力的花粉的脱氢酶，在催化脱氢的过程中，把氢转移到其他的物质上去，使用 TTC 与催化过程中产生的氢结合成红色化合物，从而使具有活力的花粉变为红色。本实验目的是学习花粉活力测定的方法，进而研究花粉寿命长短与环境条件的关系，以探求保存花粉的合适方法。

## 三、实验用品

1. **材料**　水稻幼穗。
2. **仪器与用具**　显微镜、载玻片、盖玻片、凹面载玻片、玻璃棒、擦镜纸、吸水纸、标签纸、铅笔等。
3. **试剂**　配制好的缓冲液、联苯胺液、过氧化氢液、TTC 粉、蔗糖、琼脂等。

## 四、实验步骤

（1）溶液配制。磷酸缓冲液：在 100 ml 的蒸馏水中，溶解 0.832 g 的磷酸氢二钠和 0.273 g 的磷酸二氢钾，调整 pH 为 7.17。

TTC 溶液：称取 0.02～0.05 g 的 TTC 粉溶解在 10 ml 的磷酸缓冲液中，溶液配好后装入棕色滴瓶内，置于暗处，因 TTC 有毒，操作时要注意安全。

（2）取少量花粉放在载玻片上，并在花粉上滴 1 或 2 滴配制液，用玻璃棒混合后盖上盖玻片。

（3）将载玻片置于恒温箱中（35～40℃）15～20 min。

（4）显微镜（目镜为 10×、物镜为 10×）下观察具有活力的花粉呈红色，部分丧失活力的呈淡红色，无色为不育花粉粒。

（5）每片观察 3 个视野，并统计具有活力花粉的百分率。

## 五、实验作业

1．整理测定数据，并进行统计分析。
2．分析高温对花粉活力产生影响的原因。
3．分析花粉活力对作物产量产生影响的原因。

## 六、参考文献

曹芳，李志刚，李旭新，等．2017．大豆花粉活力测定方法的比较研究[J]．中国农学通报，33（17）：66-69.

王郁民．1991．中性红染色法鉴定花粉生活力[J]．生物学通报，（10）：40.

# 实验四　小麦冬季增温实验

## 一、实验目的

1．学习小麦田间增温实验的设计方法。
2．了解冬季增温对小麦生长的影响。

## 二、实验原理

以气候变暖为主要特征的环境变化已成为一个全球性问题。气温在快速递升的同时，其增幅也呈现明显的非对称性，冬季的增温幅度要显著高于其他季节。温度是小麦生长发育的重要生态因子，因此，明确冬季增温对小麦生长的影响，对未来气候变暖条件下小麦高产稳产栽培具有重要意义。

本实验以小麦植株为材料，通过田间模拟增温实验，对小麦生长过程进行测定，了解冬季增温对小麦生长的影响。

## 三、实验用品

**1. 材料**　小麦植株。

**2. 仪器与用具**　增温棚、温（湿）度记录仪、烘箱、叶面积仪、电子天平等。

## 四、实验步骤

（1）实验设计。试验小区面积为 2 m×4 m＝8 m²，行距 25 cm，随机区组排列，3 次重复。全生育期施纯氮 240 kg/hm²。氮肥分 2 次施入，基追比（基肥：拔节肥）为 1：1。小麦全生育期每公顷施磷（$P_2O_5$）和钾（$K_2O$）各 120 kg，磷钾肥全部作为基肥一次性施入。3 叶期定苗，每公顷 225 万苗。试验设 2 个处理，分别为冬季增温处理和不增温对照处理。冬季增温处理于小麦分蘖期（3 叶 1 心期）采用可移动的塑料增温棚来实现增温。增温棚长 5 m、宽 3 m、高 2 m，为保证作物夜间的呼吸和正常通风，增温棚有通风区域，以防止增温影响降水的接纳，在雨雪天不覆盖。以不使用增温棚的处理作为不增温对照。采用 NZ-LBR-F 智能温（湿）度记录仪每 10 min 一次，连续记录小麦生长期间冠层的空气温（湿）度。冬季增温处理至返青期结束。

（2）形态指标的测定。分别于小麦拔节期、孕穗期和开花期取地上部植株样 20 株（孕穗后取单茎）。使用 LI-3100 型叶面积仪测定各叶位叶面积。将植株分成叶片、茎和穗几部分，于烘箱中 105℃杀青，75℃烘干至恒重，用电子天平称取各器官干重。

（3）产量和产量构成因素测定。小麦成熟期收取 1 m² 样段进行实收计产，并测定每平方米穗数。人工收割、人工脱粒、自然晒干后称重获得籽粒产量。同时每小区取 20 穗考察穗粒数。

## 五、实验作业

1. 记录小麦在冬季增温和不增温条件下的形态指标并分析其异同。

2. 记录小麦在冬季增温和不增温条件下的产量和产量构成因素，并用表格形式呈现结果。

3. 从产量构成因素的角度，分析小麦在冬季增温和不增温条件下产量差异的原因。

## 六、参考文献

Fan Y H, Tian M Y, Jing Q, et al. 2015. Winter night warming improves pre-anthesis crop growth and post-anthesis photosynthesis involved in grain yield of winter wheat (*Triticum aestivum* L.) [J]. Field Crop Res, 178: 100-108.

Hu C X, Tian Z W, Gu S L, et al. 2018. Winter and spring night-warming improve root extension and soil nitrogen supply to increase nitrogen uptake and utilization of winter wheat (*Triticum aestivum* L.) [J]. Eur J Agron, 96: 96-107.

# 实验五　低温对小麦种子萌发及淀粉酶活性的影响

## 一、实验目的

1．了解低温对小麦种子萌发的影响。

2．掌握种子淀粉酶的测定方法。

## 二、实验原理

低温抑制小麦种子萌发主要是由于低温降低种子内淀粉酶、脂肪酶等水解酶活性，抑制呼吸作用产生的 ATP，从而降低种子的萌发速率。

淀粉酶可以将种子胚乳中贮藏的淀粉分解为葡萄糖、麦芽糖等小分子物质以用于种子的呼吸作用，产生的能量物质供种子萌发。淀粉酶主要包括 α-淀粉酶和 β-淀粉酶。其中，α-淀粉酶随机地作用于淀粉的 α-1,4 糖苷键，生成麦芽糖和糊精；β-淀粉酶作用于淀粉非还原端的 α-1,4 糖苷键，从淀粉的非还原端切下一分子麦芽糖，又称为糖化酶。淀粉酶产生的这些还原糖能使 3,5-二硝基水杨酸还原，生成棕红色的 3-氨基-5-硝基水杨酸。由于 β-淀粉酶不耐热，在高温下易钝化。因此，可以采用加热的方法钝化 β-淀粉酶，测出 α-淀粉酶活性。在非钝化条件下测定总淀粉酶活性，相减即可得到 β-淀粉酶活性。

## 三、实验用品

**1．材料**　小麦种子。

**2．仪器与用具**　滤纸、培养皿、滴管、容量瓶、烧杯、移液枪、培养箱等。

**3．试剂**

（1）3,5-硝基水杨酸（DNS）溶液：称取 91 g 酒石酸钾钠定溶于 250 ml 蒸馏水中，45℃磁力搅拌器边加热边溶解。随后依次加入 3,5-二硝基水杨酸 3.15 g、131 ml NaOH（2 mol/L）、重蒸酚 2.5 g、亚硫酸钠 2.5 g，应注意 3,5-二硝基水杨酸和 NaOH 的加入时间需相近，或先加入 NaOH，否则容易产生难溶沉淀，待溶解完全后冷却并定容至 500 ml，避光保存。

（2）pH 5.6 柠檬酸缓冲液：A.称取柠檬酸（$C_6H_8O_7 \cdot H_2O$）21.01 g，溶解后稀释至 1L；B.称取柠檬酸钠（$Na_3C_6H_5O_7 \cdot 2H_2O$）29.41g，溶解后稀释至 1 L。取 A 液 55 ml 与 B 液 145 ml 混匀，即为 0.1 mol/L pH 5.6 的柠檬酸缓冲液。

（3）1%淀粉溶液：称取 1.00 g 淀粉溶于 100 ml 0.1 mol/L pH 5.6 的柠檬酸缓冲液中。

其他还有蒸馏水、过氧化氢、3,5-二硝基水杨酸、NaOH、重蒸酚、亚硫酸钠、酒石酸钾钠、麦芽糖等。

## 四、实验步骤

（1）挑选饱满、大小一致的小麦种子在 10%过氧化氢中浸泡 10 min，之后立即用蒸馏水充分冲洗干净至无泡沫出现。

（2）将洗干净的种子均匀摆放在铺有两层湿润滤纸的培养皿中，每个培养皿摆放 50 粒种子，每处理 3 次重复，放置在培养箱中萌发。正常萌发温度设为 20℃/15℃（昼/夜）；低温萌发温度设为 10℃/5℃（昼/夜）；其他萌发条件设定如下：相对湿度为 70%，无光照，昼夜时长均为 12 h。

（3）每天统计种子的发芽数量，计算发芽势，7 d 后统计发芽率。种子发芽势和发芽率分别按以下公式计算：

$$种子发芽势 = \frac{m_x}{M} \times 100\%$$

$$种子发芽率 = \frac{m}{M} \times 100\%$$

式中，$m_x$ 为发芽势天数内的正常发芽粒数；$m$ 为全部正常发芽粒数；$M$ 为供试种子粒数。

（4）测定萌发第 3 天检测淀粉酶活性。方法如下：准确称取样品 1 g 倒入研钵中，加入少量石英砂和 2 ml 蒸馏水，研磨成匀浆。将匀浆倒入离心管中，用 6 ml 蒸馏水分次将残渣洗入离心管中，放置 15～20 min（每隔数分钟搅动 1 次，使其充分提取），在 3000×g 离心 10 min，将上清液倒入 100 ml 容量瓶中，加蒸馏水定容，即为酶Ⅰ。吸取酶液Ⅰ 10 ml，加入 50 ml 容量瓶中，加蒸馏水定容，摇匀，即为酶液Ⅱ。所有操作均在 4℃条件下进行。

α-淀粉酶活性测定：取 1 ml 酶液Ⅰ，70℃水浴中反应 15 min 以钝化 β-淀粉酶，冷却后加入 1%淀粉溶液 1 ml，40℃恒温水浴 10 min，加入 2 ml DNS 溶液，摇匀，置于沸水中 10 min，冷却，蒸馏水定容至 20 ml，在 540 nm 处测定其吸光值。

总淀粉酶活性测定：取 1ml 酶液Ⅱ，加入 1%淀粉溶液，40℃恒温水浴 10 min，加入 2 ml DNS 溶液，摇匀，置于沸水中 10 min，冷却，蒸馏水定容至 20 ml，在 540nm 处测定其吸光值。α-溶粉酶及总淀粉酶活性测定均使用空白对照（1ml 蒸馏水＋2 ml DNS 溶液）调零。

（5）麦芽糖标准曲线的制作：按表 2-5-1 依次加入试剂，摇匀，在沸水中煮沸 10 min，取出后冷却，蒸馏水定容至 10 ml。以 1 号管为空白，在 540 nm 下测定吸光度，以麦芽糖含量为横坐标，吸光值为纵坐标，绘制标准曲线，根据标准曲线求得麦芽糖的质量，进而计算酶活性。

**表 2-5-1　各试管编号及所加试剂**

| 试剂 | 管号 | | | | | | |
|---|---|---|---|---|---|---|---|
| | 1 | 2 | 3 | 4 | 5 | 6 | 7 |
| 1 mg/ml 麦芽糖溶液（ml） | 0 | 0.2 | 0.6 | 1.0 | 1.4 | 1.8 | 2.0 |
| 蒸馏水（ml） | 2.0 | 1.8 | 1.4 | 1.0 | 0.6 | 0.2 | 0 |
| DNS（ml） | 2 | 2 | 2 | 2 | 2 | 2 | 2 |

计算公式如下：

$$酶活性[mg/(g \cdot min)] = \frac{对应麦芽糖质量（mg）\times 稀释液总体积（ml）}{样品鲜重（g）\times 反应时间（min）\times 显色酶液体积（ml）}$$

## 五、注意事项

3,5-二硝基水杨酸应提前一周配制，盖紧瓶塞，防止 $CO_2$ 进入。

## 六、实验作业

根据实验结果分析低温对小麦种子萌发及淀粉酶活性的影响。

## 七、参考文献

黄群声．1994．对谷物种子萌发时淀粉酶活性测定方法的一点改进[J]．植物生理学通讯，（2）：130．

李合生．2000．植物生理生化实验原理和技术[M]．北京：高等教育出版社．

邹琦．1995．植物生理生化实验指导[M]．北京：中国农业出版社．

# 实验六　高温胁迫对小麦叶片相对电导率的影响

## 一、实验目的

掌握植物叶片相对电导率的测定方法。

## 二、实验用品

小麦幼苗、双蒸水、50 ml 玻璃管、真空干燥器、水浴锅、培养箱、电导电极等。

## 三、实验原理

植物在遭遇高温等逆境伤害时，由于膜功能受损和结构破坏，膜透性增大，细胞内各种水溶性物质不断外渗,因而将植物叶片置于水中时,水的电导率不断增加,电解质外渗越多其电导率越大。因此,叶片相对电导率能够反映植物在逆境条件下细胞膜的损伤程度。

## 四、实验步骤

(1)将三叶一心的小麦幼苗平均分为两组。一组置于37℃/32℃(昼/夜)培养箱中高温处理48 h;另一组置于20℃/15℃(昼/夜)培养箱中作为对照。

(2)处理48 h后,将叶片用蒸馏水冲洗干净并用吸水纸吸干后,剪取顶展叶0.1 g放入15 ml离心管中(1.5 cm左右叶段)。加入10 ml双蒸水。将离心管放入已经连接抽气泵的干燥器中,抽气至叶片完全浸入水中。

(3)1 h后摇匀并立即测定电导率$C_1$。

(4)沸水浴10 min后,冷却至室温,摇匀并再次测定电导率$C_2$,同时测定所使用双蒸水电导率$C_W$。

(5)计算出各处理的叶片相对电导率。

$$相对电导率 = \frac{C_1 - C_W}{C_2 - C_W} \times 100\%$$

## 五、注意事项

1. 电导电极使用前应当按照说明书准确调零,每个样品测定之前均应用双蒸水将电极仔细冲洗并擦拭干净。

2. 小麦叶片表层有蜡质,不易下沉,可以用干净的小块纱布包裹叶段浸入水中。

3. 取样尽量剪取叶片同一位置,避开叶片主叶脉。

## 六、实验作业

分析高温胁迫下小麦叶片相对电导率的变化。

## 七、参考文献

李合生. 2000. 植物生理生化实验原理和技术[M]. 北京:高等教育出版社.

# 实验七　高温胁迫对小麦叶片丙二醛含量的影响

## 一、实验目的

掌握丙二醛(MDA)的测定方法。

## 二、实验原理

高温胁迫常引起活性氧的积累，活性氧化学性质活泼，可以引起细胞膜脂过氧化反应。丙二醛（MDA）是膜脂过氧化反应的最终产物之一，其含量高低可以反映膜脂的过氧化程度。MDA 在酸性和高温条件下，可以与硫代巴比妥酸（TBA）反应生成红棕色的三甲川（3,5,5-三甲基噁唑-2,4-二酮），该物质在 532 nm 处有最大光吸收，在 600 nm 处有最小光吸收，据此可测定样品中 MDA 含量。然而样品中的可溶性糖会干扰该反应，糖与 TBA 的反应产物在 532 nm 处也有光吸收，但最大吸收波长在 450 nm。为消除糖的干扰，可通过以下公式对 MDA 含量进行校正：

$$MDA含量=\frac{[6.452\times(OD_{532}-OD_{600})-0.559\times OD_{450}]\times提取液体积}{测定液体积\times鲜重}$$

## 三、实验用品

**1. 材料**　　小麦幼苗（三叶一心）。

**2. 仪器与用具**　　培养箱、离心机、分光光度计等。

**3. 试剂**　　羟乙基哌嗪乙磺酸（HEPES）、丙三醇、乙二胺四乙酸、二硫苏糖醇、三氯乙酸（TCA）、硫代巴比妥酸（TBA）、蒸馏水、石英砂等。

## 四、实验步骤

（1）光谱测量。同第一章实验六步骤 **1.**。

（2）处理 48 h 后，准确称取新鲜小麦叶片（全展顶一叶）0.5 g，每处理重复 3 次。将样品置于研钵中，加入 5 ml 50 mmol/L 预冷 HEPES 缓冲液（pH 7.8，含 1 mmol/L 乙二胺四乙酸、2 mmol/L 二硫苏糖醇、20%丙三醇），石英砂少许，冰上研磨，15 000 g 离心 20 min。上清液即为 MDA 提取液。

（3）在 10 ml 离心管中加入 4 ml TCA-TBA 混合液（101.25 g TCA 和 2.5 g TBA 加热溶解后用蒸馏水定容至 500 ml）、2 ml MDA 提取液（或 2 ml 提取液，作为空白对照），沸水浴 20 min，4000 g 离心 5～10 min，取上清液。

（4）于 450 nm、532 nm 和 600 nm 分光光度计下比色，计算样品 MDA 含量。

## 五、注意事项

1. TCA 有较强腐蚀性和挥发性，易潮解，实验过程中应注意防护。

2. TCA-TBA 溶液配制可以先溶解 TCA，再溶解 TBA，加热搅拌，尽量现配现用，否则容易析出沉淀。

## 六、实验作业

分析高温胁迫对小麦叶片 MDA 含量的影响。

## 七、参考文献

李小方，张志良. 2016. 植物生理学实验指导[M]. 北京：高等教育出版社.

Du Z Y, Bramlage W J. 1992. Modified thiobarbituric acid assay for measuring lipid oxidation in sugar-rich plant-tissue extracts [J]. Journal of Agricultural and Food Chemistry, 40(9): 1566-1570.

# 实验八　高温胁迫对小麦叶片抗坏血酸-谷胱甘肽循环酶活性的影响

## 一、实验目的

了解高温胁迫对植物抗氧化酶活性的影响，掌握超抗坏血酸过氧化物酶（APX）、谷胱甘肽还原酶（GR）、脱氢抗坏血酸还原酶（DHAR）、单脱氢抗坏血酸还原酶（MDHAR）的原理及测定方法。

## 二、实验原理

高温胁迫常引起活性氧的过度积累而对膜脂、核酸、蛋白质等大分子物质的结构造成破坏。为防止活性氧的过度积累，植物在长期进化过程中形成了系统的活性氧清除系统。抗坏血酸-谷胱甘肽循环（AsA-GSH）在清除活性氧过程中发挥着极其重要的作用，$H_2O_2$ 通过 AsA-GSH 循环脱毒生成 $H_2O$，其中参与 AsA-GSH 循环的酶包括抗坏血酸过氧化物酶（APX）、脱氢抗坏血酸还原酶（DHAR）、单脱氢抗坏血酸还原酶（MDHAR）和谷胱甘肽还原酶（GR）。

APX 活性：APX 催化 AsA 与 $H_2O_2$ 反应，使 AsA 氧化成单脱氢抗坏血酸（MDAsA）。随着 AsA 被氧化，溶液 $OD_{290}$ 下降，根据单位时间内 $OD_{290}$ 减少量计算 APX 活性。

GR 活性：GR 能催化 GSSG 被 NADPH 还原为 GSH，同时不断消耗 NADPH，通过测定 NADPH 减少量，即可测定 GR 活性。

DHAR 活性：DHAR 催化 GSH 还原 DHA 生成 AsA，通过在 265 nm 处测定 AsA 被还原量可计算 DHAR 活性。

MDHAR 活性：MDHAR 催化 NADH 还原单脱氢抗坏血酸（MDHA）生成 AsA 和烟酰胺腺嘌呤二核苷酸（NAD），NADH 在 340 nm 处有特征吸收峰，但是 NAD 没有，通过测定 340 nm 光吸收下降速率来计算出 MDHAR 活性。

## 三、实验用品

**1．材料**　　小麦幼苗（三叶一心）。

**2．仪器与用具**　　光照培养箱、离心机、紫外分光光度计等。

**3．试剂**　　羟乙基哌嗪乙磺酸（HEPES）、丙三醇、乙二胺四乙酸二钠、二硫苏糖醇、过氧化氢（$H_2O_2$）、抗坏血酸（AsA）、氯化镁、氧化型谷胱甘肽（GSSG）、还原型谷胱甘肽（GSH）、还原型辅酶Ⅱ（NADPH）、烟酰胺腺嘌呤二核苷酸（还原态）（NADH）、脱氢抗坏血酸（DHA）、抗坏血酸氧化酶（AAO）、蒸馏水等。

## 四、实验步骤

**1．样品准备**

（1）光谱测量。同第一章实验六步骤 1.。

（2）处理 48 h 后，准确称取新鲜小麦叶片（全展顶一叶）0.5 g，每处理重复 3 次。

**2．酶液制备**

将样品置于研钵中，加入 5 ml 50 mmol/L 预冷 HEPES 缓冲液（pH 7.8，含 1 mmol/L 乙二胺四乙酸二钠、2 mmol/L 二硫苏糖醇、20%丙三醇），石英砂少许，冰上研磨，15 000×$g$ 离心 20 min。上清液即为酶提取液，冰浴保存。

**3．指标测定**

（1）抗坏血酸过氧化物酶（APX）的测定：向比色皿中加入 2.75 ml 50 mmol/L HEPES 缓冲液（pH 7.0，含 0.3 mmol/L AsA，0.1 mmol/L 乙二胺四乙酸二钠）和 0.1 ml 酶提取液，加入 0.15 ml 0.1%的 $H_2O_2$ 溶液启动反应，立即用紫外分光光度计检测 1 min 内 290 nm 处吸光值的动态变化。

（2）谷胱甘肽还原酶（GR）的测定：向比色皿中加入 2.75 ml 50 mmol/L HEPES 缓冲液（pH 7.8，含 10 mmol/L 氯化镁、0.5 mmol/L GSSG）、0.1 ml 酶提取液，加入 0.2 ml 1.68 mmol/L NADPH 启动反应，立即用紫外分光光度计检测 2 min 内 340 nm 处吸光值的动态变化。

（3）脱氢抗坏血酸还原酶（DHAR）的测定：准备反应液，pH 7.0 HEPES 缓冲液（25mmol/L）（含 0.1 mmol/L EDTA-$Na_2$，20 mmol/L GSH，2 mmol/L DHA）。反应体系为 2.8 ml 反应液加 0.2 ml 酶提取液，迅速混匀后于 265 nm 紫外分光光度计下比色，根据每分钟 $OD_{265}$ 的变化量计算酶活性。

（4）单脱氢抗坏血酸还原酶（MDHAR）的测定：准备反应液，50 mmol/L pH 7.6 Tris-HCl 缓冲液（含 2.5 mmol/L AsA、0.2 mmol/L NADH）。2.6 ml 反应液中加入 0.2 ml AAO（抗坏血酸氧化酶）溶液（4 U），加入 0.2 ml 酶提取液，迅速混

匀后于 340 nm 紫外分光光度计下比色，根据每分钟 $OD_{340}$ 变化量计算酶活性。

（5）利用公式计算样品酶活性（以空白酶液作参比）。

$$APX活性 [U/(min \cdot g\,FW)] = \frac{\Delta OD_{290} \times V_t}{0.1 \times t \times FW \times V_s}$$

$$GR活性 [U/(min \cdot g\,FW)] = \frac{\Delta OD_{340} \times V_t}{0.1 \times t \times FW \times V_s}$$

$$DHAR活性 [U/(min \cdot g\,FW)] = \frac{\Delta OD_{265} \times V_t}{0.1 \times t \times FW \times V_s}$$

$$MDHAR活性 [U/(min \cdot g\,FW)] = \frac{\Delta OD_{340} \times V_t}{0.1 \times t \times FW \times V_s}$$

式中，$\Delta A$ 为反应时间内吸光度的变化；$t$ 为反应时间；$V_t$ 为酶提取液总体积（ml）；$V_s$ 为测室时取用酶液体积（ml）；FW 为样品鲜重（g）。

## 五、注意事项

1. 研磨需充分，匀浆。
2. 室温要适中，若室温太低，可能造成测不出数值。
3. 动力学曲线绘制过程中所加的各个试剂应保证现配现用。
4. 曲线反应时间可根据实际样品预时间结果进行调整。
5. 所有反应试剂均使用蒸馏水进行配制。

## 六、实验作业

分析高温胁迫对小麦叶片抗坏血酸-谷胱甘肽循环酶活性的影响。

## 七、参考文献

Foyer C H, Halliwell B. 1976. The presence of glutathione and glutathione reductase in chloroplasts: a proposed role in ascorbic acid metabolism [J]. Planta, 133(1): 21-25.

Fryer M J, Andrews J R, Oxborough K, et al. 1998. Relationship between $CO_2$ assimilation, photosynthetic electron transport, and active $O_2$ metabolism in leaves of maize in the field during periods of low temperature [J]. Plant Physiology, 116 (2): 571-580.

# 第三章　作物水分生理生态实验

## 实验一　土壤水分含量、水势及渗透压测定及相互关系分析

### 一、实验目的

1. 了解土壤水分含量、水势及渗透压测定的几种主要仪器及其使用方法。
2. 掌握土壤水分含量、水势及渗透压在表征土壤水分状态时的区别，并比较其在测量时的优缺点。

### 二、实验原理

（1）土壤水分含量：又叫土壤含水量，一般指土壤绝对含水量，即 100 g 烘干土中曾含有水分的量，也称土壤含水率。

土壤含水量常用的测量方法为称重法，也称烘干法，是唯一可以直接测量土壤水分的方法，也是目前国际上的标准方法。具体方法为：用 0.1 g 精度的天平称量干燥铝盒质量 $m$；用土钻采取土样，放置在铝盒中称湿土样与铝盒的总重量 $M_1$；然后在 80℃的烘箱内将土样烘 6～8 h 至恒重后，测定烘干土样与铝盒的总重量 $M_2$，则土壤含水量为：

$$土壤含水量 = \frac{M_1 - M_2}{M_1 - m} \times 100\%$$

（2）土壤水势：土壤水势指相对于纯水自由水面，土壤水分所具有的势能。即可逆地和等温地，在大气压下从特定高度的纯水中移取极少量的水到土壤水中，单位数量纯水所需做的功。

土壤总水势由压力势、基质势、重力势和溶质势这几个分势构成。压力势是土壤承受的压力超过参照状态下的标准压力而产生的势；基质势是由土壤基质的吸附力和毛管力而产生的势；重力势是由土壤水受重力作用而产生的势；溶质势是在土壤水含有可溶性盐类时，使土壤水分失去一部分自由活动的能力，由此而产生的势。

在实际应用中，为方便起见常将几个分势合并起来构成另一个单位。例如，基质势与溶质势经常合并使用，将它们的绝对值之和称为土壤水吸力。

土壤水势常用的测量方法为张力计法（tensiometer），也称负压计法，它测量的实际上是土壤水吸力。测量原理如下：当陶瓷测量头插入被测土壤后，管内自

由水通过多孔陶土壁与土壤水接触，经过交换后达到水势平衡，此时，从张力计读到的数值就是陶瓷头处的土壤水吸力值，即为忽略重力势后的基质势的值，然后根据土壤含水量与基质势之间的关系(土壤水特征曲线)就可以确定土壤的含水量。

（3）土壤水分渗透压指土壤毛管水（土壤稳定持有的可自由移动并可被植物有效利用的水）的渗透压，即恰好能阻止土壤毛管水与纯水间发生渗透作用的施加于纯水液面上方的额外压强。

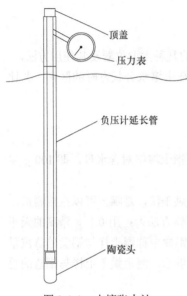

图 3-1-1　土壤张力计

土壤水分渗透压常用测量方法为露点渗透压仪法，露点渗透压仪基于沸点升高原理，用水蒸气压技术，将溶液加热使之蒸发，以此来测量样品的渗透压。

# 三、实验用品

**1. 材料**　含水量存在梯度差异的盆装土若干。

**2. 仪器与用具**　铝盒、天平、土壤张力计、渗透压仪等（图 3-1-1）。

# 四、实验步骤

**1. 土壤含水量测定**

（1）取铝盒若干，称重记录。每（盆）样品三次重复。

（2）于盆中取土若干，置入铝盒，称重，记录后置入 80℃下烘干过夜。

（3）称重，按公式计算土壤含水量。

**2. 土壤水势测定**

（1）将充满水的张力计（陶瓷头处于饱和状态）放置在土壤中。

（2）待土壤张力计在土壤中平衡 6 h 后（土壤水基质势与张力计内的压力势相等），读取张力计显示的数值，记录土壤水势。

**3. 土壤渗透压测定**

（1）用标准液校准渗透压仪。

（2）于盆中取土若干，充分研磨均匀后，取适量土样置于样品池，关闭样品池。

（3）测量读数，记录土壤渗透压。

# 五、实验作业

1. 记录不同方法所测得土壤含水量、土壤水势及土壤渗透压，并用图表呈现实验结果。

2．分析不同土壤水分指标的优劣及适用范围。

3．比较不同指标在数值上的关系，探讨相互间的换算公式及主要影响因子。

## 六、参考文献

黄中雄，苏永秀，周剑波．2014．土壤水分测定技术探讨[J]．气象研究与应用，35（4）：58-62．

上海植物生理学会．1985．植物生理学实验手册[M]．上海：上海科学技术出版社．

# 实验二　植物组织水势的测定

## 一、实验目的

1．掌握植物组织水势测定的方法。

2．了解压力室和露点渗透压仪的使用。

## 二、实验原理

小液流法：当植物组织与外界溶液接触时，若组织水势小于外液水势，水分进入植物组织，外液浓度增高；相反，组织水分进入外液，外液浓度降低；若二者水势相等，组织不吸水也不失水，外液浓度不变。溶液浓度不同，比重亦不同。取浸过植物组织的蔗糖溶液一小滴（为便于观察加入少许甲烯蓝），放入未浸植物组织的原浓度溶液中，观察有色溶液的沉浮。若液滴上浮，表示浸过样品后的溶液浓度变小；液滴下沉，表示浸过样品后的溶液浓度变大；若液滴不动，表示浓度未变，该浓度溶液为等渗溶液，其渗透势等于植物组织的水势。

压力室法：植物叶片由于蒸腾作用不断地向四周环境散失水分，而使叶片本身水势降低，并由此造成土壤→植物→大气和植物体中根→茎→叶的水势下降梯度。叶子低水势引起的拉力，使植物木质部水链系统的水分常处一定的张力之下。当切下叶片时，叶片木质部张力解除，导管中汁液缩回木质部（水势愈低，缩回愈多）。将切下的叶片放在加压室中，加压使木质部汁液正好推回切口处，此时的加压值等于切取叶片之前木质部张力的数值，即加压值（平衡压）大致等于叶片水势值。

露点渗透压仪法：露点渗透压仪用于测量细胞培养液、植物叶片或动植物组织切片的渗透压等，原理是通过热电偶头测得待测物质的露点温度，通过函数关系获得蒸汽压值，通过校准，即可显示为渗透压仪的浓度单位（mmol/kg）。

VAPRO 5600 露点渗透压仪不需要改变溶液的物象形态，可以在室温于样品自然压力平衡下准确测量体积摩尔浓度，可用于测量冰点渗透压仪所不能处理或误差较大的样品，如高黏度溶液、悬浮颗粒较多的溶液，用量微小，成本低。

## 三、实验用品

**1. 材料**　　水稻叶片。

**2. 仪器与用具**　　试管、移液管、毛细吸管、打孔器、解剖针、玻璃棒、压力室、VAPRO 5600 露点渗透压仪等。

**3. 试剂**　　1 mol/L 蔗糖溶液、甲烯蓝粉末等。

## 四、实验步骤

**1. 小液流法**

（1）配制蔗糖标准液。根据植物水势的大小确定配制相应的系列标准液，按浓度梯度转移至 8 支试管中，并依次编号，作为对照组。

（2）编号。取干燥洁净的试管 8 支，编号。然后从相同编号的试管中分别取 4 ml 溶液，注入相同编号的空试管中，作为实验组。

（3）材料处理。用刀片切 1 mm 左右厚的叶片若干，用打孔器打取小圆片共 40 片，在实验组试管中每管放入 5 片，放置 30 min，中间摇动数次。

（4）染色。用解剖针挑取微量的甲烯蓝粉末投入实验组试管中并摇动，使染色均匀。

（5）测定。用毛细吸管从实验组中吸取少许溶液，然后伸入对照组相同的试管编号的溶液中部，缓慢放出一滴，小心取出毛细吸管（勿搅动有色液滴），观察有色液滴的升降情况。

**2. 压力室法**

（1）取样：从水稻植株上切去一小片叶片，迅速用湿纱布包裹或装入塑料袋中以防止水分散失，然后进行装样测定。测定玉米长大叶片的水势，应选取叶子贴近主脉两侧的下端部分。

（2）装样：将样品迅速插入橡皮室孔隙中，使切口露出密封垫圈几毫米，固定后放入钢筒中，旋紧螺旋环套。为避免样品失水，可预先用湿滤纸条贴于钢筒内壁。

（3）加压测定：将压力控制阀转向"加压"位，打开主控阀，以每秒 0.5 bar 左右的速度加压，接近叶水势时，加压要慢些，以免加压过量。当切口出现水膜时，马上关闭主控阀，读出加压值（叶水势值）。可按下式换算成需要的单位：

$$1 \text{ 巴（bar）} = 0.987 \text{ 个标准大气压（atm）} = 0.1 \text{ 兆帕（MPa）}$$

（4）排气：将压力控制阀转向"排气"位，放气，压力表指针退回至"0"，扭动螺旋环套，取出叶片，进行第二个样品测定。一般重复 4 次，取平均值。

### 3．露点渗透压仪法

（1）用打孔器在待测叶片上钻取直径为 0.6 cm 的叶圆片，放入仪器中，温度和蒸汽压在密闭的汽化室内达到自然平衡。热电偶感知样品上方蒸汽的精确温度，微处理器将该温度置为 0℃，或是测量的参考温度（TA）。

（2）热电偶用 Peltier 制冷冷却到露点（TD）以下，水的微滴开始凝结在热电偶表面。

（3）微处理器任由凝结的水来控制热电偶的温度。水的凝结所放出的热量使热电偶的温度上升，最终在一定温度时，停止凝结。该稳定状态可在放入样品后 1 min 达到。

（4）该稳定温度即为露点温度（TD）。在分辨率为 0.0003℃时，最终仪器显示的读数与露点温度降低程度成比例。因为露点温度下降与蒸汽压是函数关系，仪器可进行校准，测量结果直接显示世界通用的渗透压浓度（mmol/kg）。

## 五、实验作业

1．思考影响植物组织水势高低的因素有哪些。
2．比较水势和渗透势测定方法的异同。

## 六、参考文献

樊金娟．2015．植物生理学实验教程[M]．北京：中国农业大学出版社．
高俊凤．2000．植物生理学实验技术[M]．西安：世界图书出版公司．
上海植物生理学会．1985．植物生理学实验手册[M]．上海：上海科学技术出版社．

# 实验三　作物水分利用率的测定

## 一、实验目的

1．学习植物蒸腾速率、水分利用率的测定方法。
2．了解蒸腾速率与作物水分利用率的关系。

## 二、实验原理

水分利用率（water use efficiency，WUE）指的是农田蒸散消耗单位重量水所制造的干物质的量，单位为 g/kg。水分利用率可分为作物大田群体的水分利用率、作物单株的水分利用率和叶片的水分利用率三种，其计算方法如下：

$$作物大田群体的水分利用率=\frac{经济产量}{耗水量}\times100\%$$

$$作物单株的水分利用率=\frac{生物产量}{耗水量}\times100\%$$

$$叶片的水分利用率=\frac{光合速率}{蒸腾速率}\times100\%$$

蒸腾速率（transpiration rate，TR）是指植物在一定时间内单位叶面积蒸腾的水量。一般用每小时每平方米叶面积蒸腾水量的克数表示 $[g/（m^2\cdot h）]$。

（1）作物实时蒸腾速率测定：采用光合仪测定法。植物的蒸腾速率受温度等条件的实时影响，因此可用光合仪 LI-6400XT 测定植物的实时蒸腾速率，准确性较高。

（2）作物短时间内蒸腾速率测定：采用离体快速称重法。由于植物失水后重量减轻，因此可用称重法测量作物的叶片在一段时间内的失水量，则蒸腾速率为

$$蒸腾速率=\frac{蒸腾失水量}{蒸腾叶面积\times测定时间}$$

注意离体后的短时间（数分钟）蒸腾失水不多时，失水速率可保持不变，但随着失水量的增加，气孔开始关闭，蒸腾速率降低，故此实验应在数分钟内完成以保证精确度。

（3）作物长期水分利用率测定：采用直接测定法。通过测定植物长期生长过程中形成的干物质量和耗水量衡量水分利用率，具体方法可以用①每千克水产生干物质的克数；②一段时间内作物生长的水分消耗量；③单位面积作物的需水量来测定。

## 三、实验用品

**1. 材料**　　恒温培养箱中正常生长的小麦幼苗、大豆种子。

**2. 仪器与用具**　　塑料杯、营养土、封口膜、剪刀、电子分析天平（感量 0.1 mg）、叶面积测量仪、光合仪（LI-6400XT）、烘箱等。

**3. 试剂**　　凡士林等。

## 四、实验步骤

**1. 叶片的水分利用率**

（1）蒸腾水分测定。取恒温培养箱中长势良好的小麦幼苗，选择正常生长，叶龄相同，叶色、叶面积、叶片厚度相似的 3 片叶片从叶鞘处剪下（另标记 3 片相似的叶片用于测定叶片光合速率），在切口处涂上凡士林，迅速将叶片称重，记录重量及时间，将叶片放回恒温培养箱中蒸腾，10 min 后取出再次称重，两次

重量之差即为叶片蒸腾水量。

（2）叶面积测定。使用叶面积测量仪测定所取叶片的叶面积。

（3）蒸腾速率计算。依据公式"蒸腾速率＝蒸腾失水量÷蒸腾叶面积÷测定时间"计算蒸腾速率。

（4）光合速率测定。使用光合仪（LI-6400XT），校准光合仪内置光源强度与光照培养箱中辐射强度相近后，测定叶片光合速率，进而计算出叶片的水分利用率。

$$叶片的水分利用率＝\frac{光合速率}{蒸腾速率}×100\%$$

**2．单株水分利用率测定**

（1）取 20～40 个完全相同的塑料杯（塑料杯底部无排水孔），加入相同质量的培养基质。

（2）每个塑料杯中种入 1 粒大豆种子，加入相同质量的清水，光照培养箱中培养。

（3）取 10 杯左右长势相近的大豆小苗（具 2～5 片真叶），其中 3～5 杯中每杯加适量自来水至塑料杯总重相等，标记、称重，记录此时"塑料杯＋培养土＋水"总重量 $W_1$。用封口膜封好杯口（防止水分从土层表面蒸发）后置入培养箱中培养。另 3～5 株拔出，烘干、称重、记录，计算此时平均每株生物量 $M_1$。

（4）数日后，从培养箱中取出标记植株，植株烘干称重，记录此时植株平均干重 $M_2$、"塑料杯＋培养土＋水"总重量 $W_2$。

（5）计算作物单株的水分利用率：

$$作物单株的水分利用率＝\frac{M_2-M_1}{W_1-W_2}×100\%$$

## 五、实验作业

1．用表格形式记录小麦叶片的蒸腾速率。

2．用表格形式记录大豆幼苗单株水分利用率。

## 六、参考文献

张志良．1990．植物生理学实验指导[M]．北京：高等教育出版社．

# 实验四　作物萎蔫系数的测定

## 一、实验目的

1．学习植物萎蔫系数的测定方法。

2. 掌握萎蔫系数的含义及其与作物吸水的关系。

## 二、实验原理

萎蔫系数（凋萎系数）是指作物开始永久萎蔫，并在饱和水气中也不能恢复时的土壤含水量。此时土壤中所含的水分为全部吸湿水和部分膜状水，并非完全无法被植物吸收，只是由于补给极慢，不足以维持植物的正常需要才导致植株萎蔫。不同植物种类、温度、不同土质情况下的萎蔫系数均有差别。

测定萎蔫系数多用直接测定法，也叫生物测定法，即通过植株的生理萎蔫现象确定土壤的萎蔫系数。在植株发生萎蔫时，土壤的含水量即为萎蔫系数。取萎蔫植株生长的土壤称重，烘干后再称重，可计算土壤含水量：

$$土壤含水量 = \frac{土壤湿重 - 土壤干重}{土壤湿重} \times 100\%$$

## 三、实验用品

1. **材料**　　小麦种子、土壤。
2. **仪器与用具**　　恒温培养箱、烧杯、玻璃管、漏斗、脱脂棉等。
3. **试剂**　　磷酸二氢铵、硝酸钾、硝酸铵、去离子水等。

## 四、实验步骤

（1）实验准备。将吸水纸浸湿后置于培养皿中，选择健康的小麦种子置于其中进行催芽。将通过 2 mm 孔径筛的风干土均匀装满烧杯，杯中插入玻璃管以便浇水时排出空气，重复三次。将 2.8 g 磷酸二氢铵、3.5 g 硝酸钾、5.4 g 硝酸铵溶于 1 L 去离子水中配制营养液。

（2）播种灌溉。用塞有脱脂棉的漏斗向土壤中滴加营养液，浸湿土壤后在土表下 2 cm 处种植 5 或 6 粒种子，盖土后称重记录，杯口用厚纸盖住，边缘密封以免蒸发（以后每杯选留最优 3 株），将烧杯置于恒温培养箱内。

（3）出苗管理。每隔 5～6 天称重一次，如杯内水分蒸发过多可进行第二次浇水。待幼苗长到与杯口齐平时用一层石蜡覆盖土表，将玻璃管用棉花塞塞住。当第二叶伸长后，幼苗根系应已布满杯内土体，即可等待植株萎蔫。

（4）萎蔫检验。当植株出现萎蔫后，将植株放置于另一水蒸气接近饱和的培养箱中一昼夜，如植株复原，则取出继续置于原培养箱培养，如此往复直到植株不再复原，即可认为植株已达到永久萎蔫。

（5）取样分析。将烧杯中土壤取出，去除石蜡、2 cm 以上土层和根系，测定杯中土壤质量，烘干后再次称重，依据公式计算出土壤含水量，即为萎蔫系数。

## 五、实验作业

计算土壤的萎蔫系数，思考萎蔫系数与作物吸水的关系。

## 六、参考文献

张志良．1990．植物生理学实验指导[M]．北京：高等教育出版社．

# 实验五　PEG法模拟作物干旱实验

## 一、实验目的

1．掌握作物干旱胁迫模拟方法。
2．了解干旱胁迫对作物生长发育的影响。

## 二、实验原理

因土壤中水分的不均匀分布及实践操作中无法准确控制水分，所以无法准确定量干旱的胁迫效应。模拟干旱胁迫则可以通过准确模拟不同程度的干旱来定量分析不同作物对土壤干旱逆境的反应。其基本原理是溶于水的高分子聚合物可使水溶液水势大幅下降，不同浓度的高分子聚合物溶液中水势差异巨大，因此可利用其模拟出实际土壤中的不同干旱状态。

常见的高分子聚合物大多对植物有一定的毒性作用，而聚乙二醇（PEG）则是一种惰性的非离子长链多聚体，分子式为 $HOCH_2(CH_2\!-\!O\!-\!CH_2)_x CH_2OH$，PEG 易溶于水，溶液的 pH 由于多聚程度不同，其数值为 4.6～6.8。较常用的 PEG-6000 呈片状或粉末状，比重为 1.074，在 20℃下去离子水（DW）中的溶解度为 50%。溶于水或植物培养液后不能被植物吸收，同时对植物根系也无毒无害，因此 PEG 是模拟作物干旱的理想渗透调节剂。

## 三、实验用品

1．**材料**　作物种子或幼苗。
2．**仪器与用具**　蛭石、培养皿等。
3．**试剂**　PEG-6000、Hoagland 营养液、75%乙醇、0.1%升贡等。

## 四、实验步骤

（1）种子萌发实验。实验种子经过严格精选，然后用 75%乙醇消毒 3 min，再用灭菌蒸馏水冲洗 3 次，用滤纸吸干附着水。种子放在直径为 9 cm 的灭菌培养皿中，每皿 20 粒，3 次重复，设计 PEG 的浓度分别为 0、5%、10%、15%、20%，以 PEG 浓度为 0 作为对照（CK）。每个处理设 3 次重复。于 30℃光照培养箱内萌发，处理 8 d 后测定发芽率。采用 PEG 处理的种子萌发实验，按照如下公式计算：

种子萌发抗旱指数＝水分胁迫下种子萌发指数/对照种子萌发指数

种子萌发指数＝$1.00 \times nd_2 + 0.75 \times nd_4 + 0.50 \times nd_6 + 0.25 \times nd_8$

其中，$nd_2$、$nd_4$、$nd_6$、$nd_8$ 分别为第 2、4、6、8 天的种子萌发率。

$$相对发芽势 = \frac{处理发芽势}{对照发芽势} \times 100\%$$

$$相对发芽势 = \frac{处理发芽势}{对照发芽势} \times 100\%$$

$$储藏物质转运效率 = \frac{芽干重 + 根干重}{芽干重 + 根干重 + 籽粒干重} \times 100\%$$

（2）苗期干旱实验。用 Hoagland 营养液＋不同浓度 PEG-6000 溶液，在室内模拟作物幼苗所受的不同干旱程度。设计最终 PEG 的浓度分别为 0、5%、10%、15%、20%，以 PEG 浓度为 0 作为对照（CK）。每个处理设 3 次重复。

采用完全随机试验设计，每个杂交种取 3 粒种子，先用 0.1%的升汞消毒 5 min，再用 75%的乙醇消毒 3 min，用清水冲洗干净，种在盛有蛭石的纸杯内。

用含有不同浓度 PEG 的 Hoagland 营养液培养油菜幼苗，待长到三叶一心时，采集叶片剪碎混合。并且测定其在不同浓度 PEG 胁迫下的游离脯氨酸含量及丙二醛（malondialdehyde，MDA）含量。

## 五、实验作业

1. 将油菜种子在干旱胁迫下的相对发芽势和相对发芽率用图表绘制并分析。

2. 将油菜苗期在不同条件干旱胁迫下的游离脯氨酸和 MDA 含量用图表绘制并分析。

## 六、参考文献

龚子端，李高阳. 2006. PEG 干旱胁迫对植物的影响[J]. 河南农业科技，3：21-23.

李向东，范翠丽，曹熙敏. 2011. PEG 模拟干旱条件下 4 个玉米品种的苗期抗旱性研究[J]. 现代农业科技，1：1-2.

王林红，乔潇，乔亚科，等. 2014. PEG 模拟干旱胁迫下不同类型大豆的生理生化响应[J]. 大豆科学，33：34-36.

# 实验六　不同土壤水分条件下渗透调节物质的测定

## Ⅰ. 游离脯氨酸含量测定

## 一、实验目的

掌握磺基水杨酸法测定游离脯氨酸的原理及方法。

## 二、实验原理

当植物遭受渗透胁迫，造成生理性缺水时，植物体内脯氨酸大量累积，因此植物体内的脯氨酸含量在一定程度上反映了植株体内的水分状况，可作为植株缺水的参考指标。脯氨酸的调节作用：一是维持细胞内与外界环境之间的渗透压平衡，防止水分外渗；二是具有偶极性，能保护生物大分子的空间结构，稳定蛋白质特性；三是能与胞内某些化合物形成聚合物，类似水合胶体，起到渗透保护作用。因此，脯氨酸含量是衡量植物在胁迫情况下渗透调节物质的一个非常重要的生理指标。

在 pH 1~7 时用人造沸石可以除去一些干扰的氨基酸，在酸性条件下，茚三酮与脯氨酸反应，生成稳定的红色化合物，该产物在 520 nm 波长下具有最大吸收峰，其含量与色度成正比，可用分光光度计测定，此法有专一性。

## 三、实验用品

**1. 材料**　干旱胁迫 1 d、3 d、5 d、7 d 的玉米幼苗及正常玉米幼苗。

**2. 仪器与用具**　分光光度计、高速冷冻离心机、分析天平、水浴锅、研钵、量筒、吸量管、刻度试管、试管架、容量瓶、药勺等。

**3. 试剂**　酸性茚三酮溶液［将 1.25 g 茚三酮溶于 30 ml 冰醋酸和 20 ml 6 mol/L 磷酸中，加热（70℃）搅拌溶解，贮于冰箱中］、3%磺基水杨酸（3 g 磺基水杨酸加蒸馏水溶解后定容至 100 ml）、冰醋酸、甲苯等。

## 四、实验步骤

（1）脯氨酸的提取。分别称取 5 种玉米幼苗 0.5 g，加入预冷的 3%磺基水杨酸 3 ml 和少许石英砂，充分冰浴研磨后，转入离心管中，用 2 ml 3%磺基水杨酸洗研钵，合并提取液，于 4℃下 10 000 g 离心 20 min，上清液直接进行脯氨酸含量的测定。

（2）显色。吸取 2 ml 提取液于另一干净的带塞试管中，加入 2 ml 冰醋酸及 2 ml 酸性茚三酮溶液，在沸水浴中加热 30 min，溶液即呈红色。

（3）萃取。显色液冷却后加入 4 ml 甲苯，振荡 30 s，静置片刻，取上层溶液至 10 ml 离心管中，在 3000 r/min 下离心 5 min。

（4）比色。用吸管轻轻吸取上层脯氨酸红色甲苯溶液于比色皿中，以甲苯为空白对照，在分光光度计上 520 nm 波长处比色，求得吸光度值。

（5）标准曲线的绘制。在分析天平上精确称取 25 mg 脯氨酸，倒入小烧杯内，用少量 3%磺基水杨酸溶解，然后倒入 250 ml 容量瓶中，加 3%磺基水杨酸定容至刻度，此标准液中每毫升含脯氨酸 100 μg。此母液分别用 3%磺基水杨酸配制成浓度为 0 μg/ml、1 μg/ml、2 μg/ml、3 μg/ml、4 μg/ml、5 μg/ml 的脯氨酸各 2 ml。加入 2 ml 冰醋酸和 2 ml 酸性茚三酮溶液，每管在沸水浴中加热 30 min。冷却后各试管准确加入 4 ml 甲苯，振荡 30 s，静置片刻，使色素全部转至甲苯溶液中。用注射器轻轻吸取各管上层脯氨酸甲苯溶液至比色皿中，以甲苯溶液为空白对照，于 520 nm 波长处进行比色。先求出吸光度值（$Y$）依脯氨酸浓度（$X$）而变化的回归方程，再按回归方程绘制标准曲线，计算 2 ml 测定液中脯氨酸的含量。

（6）结果计算。根据回归方程计算出（或从标准曲线上查出）1.5 ml 测定液中脯氨酸的含量 $x$（μg），然后计算样品中脯氨酸的含量。计算公式如下：

$$脯氨酸含量 = \frac{x \times 5}{样品鲜重（g）} \times 100\%$$

## 五、实验作业

1. 计算脯氨酸含量，用图表绘制并分析。
2. 测量过程中哪些环节容易产生误差？如何避免？

## 六、参考文献

刘家尧，刘新. 2010. 植物生理学实验教程[M]. 北京：高等教育出版社.
刘祖棋，张石城. 1995. 植物抗性生理学[M]. 北京：中国农业出版社.

Ⅱ. 甜菜碱含量测定

## 一、实验目的

掌握比色法测定甜菜碱含量的原理及方法。

## 二、实验原理

在 pH 1.0 的条件下，甜菜碱盐酸盐能与雷氏盐生成红色沉淀，离心，弃去上清液后，其沉淀溶于 70%丙酮中并呈粉红色溶液，在 525 nm 处出现最大吸收峰。

甜菜碱盐酸盐含量在 0.1～12.5 mg 时符合朗伯-比尔定律。

## 三、实验用品

**1．材料**　　同第三章实验六 I．中材料。

**2．仪器与用具**　　分光光度计、高速冷冻离心机、分析天平、水浴锅、研钵、量筒、吸量管、刻度试管、试管架、容量瓶、药勺等。

**3．试剂**　　99%乙醚溶液（吸取 1 ml 水加到 99 ml 无水乙醚中）、70%丙酮溶液（量取 30 ml 水加到 70 ml 丙酮中）、甜菜碱标准溶液（1.5 g/L，称取 0.15 g 甜菜碱于 100 ml 烧杯中，加少量蒸馏水，搅拌使之溶解，转移至 100 ml 容量瓶中，用蒸馏水定容，可常温保存 1 个月）、饱和雷氏盐［$NH_4Cr(NH_3)_2(SCN)_4H_2O$］溶液（15 g/L，称取 3 g 雷氏盐，加入 100 ml 蒸馏水，用浓盐酸调节 pH 至 1.0，于室温下不断搅拌 45 min，抽滤，定容至 100 ml，此溶液需现用现配）等。

## 四、实验步骤

（1）标准曲线的绘制。取 6 支试管，分别加入 1 ml 甜菜碱标准溶液 0 ml、0.5 ml、1.0 ml、1.5 ml、2.0 ml、2.5 ml，依次分别加入蒸馏水 3 ml、2.5 ml、2.0 ml、1.5 ml、1.0 ml、0.5 ml，于 4℃冰箱预冷 30 min，分别滴加饱和雷氏盐 5 ml，于 4℃冰箱内保存 3 h 以上；取出，平衡后于 10 000 $g$ 离心 15 min，弃上清液，分别加入乙醚（4℃预冷）5 ml 洗涤沉淀 3 次，混匀平衡后于 10 000 $g$ 离心 15 min，弃上清液；分别加入 70%丙酮 5 ml 溶解沉淀，立即测定 525 nm 处的吸光度，以浓度为横坐标，相应的吸光度为纵坐标，绘制标准曲线。

（2）甜菜碱的提取。分别称取干旱胁迫 1 d、3 d、5 d、7 d 的玉米幼苗及正常玉米幼苗 1.0 g，100℃高温杀青 15 min，之后于 80℃烘干至恒重。将干材料置于研钵中，加入预冷的蒸馏水 1.0 ml 和少许石英砂，充分冰浴研磨后，转入离心管中，用 1 ml 蒸馏水洗研钵，合并提取液，于 4℃下 10 000 $g$ 离心 20 min，上清液加入盐酸使其终浓度为 0.1 mol/L（pH＝1.0），即为甜菜碱的待测液。

（3）显色。分别吸取 1.5 ml 待测液于另一干净的带塞试管中，分别加入饱和雷氏盐 2.5 ml，4℃冰箱内保存 3 h 以上，按照绘制标准曲线的方法测定甜菜碱。

（4）结果计算。根据回归方程计算出（或从标准曲线上查出）1.5 ml 测定液中甜菜碱的含量 $x$（μg），然后计算样品中甜菜碱的含量（$X$）。计算公式如下：

$$甜菜碱含量 X(\mu g/g) = \frac{x \times 2/1.5}{样品鲜重(g)} \times 1000$$

## 五、实验作业

1．计算甜菜碱含量，用图表绘制并分析计算。

2．逆境条件下甜菜碱积累的生物学意义是什么？

## 六、参考文献

李忠光，龚明．2014．植物生理学综合性和设计性实验教程[M]．武汉：华中科技大学出版社．

施海涛．2016．植物逆境生理学实验指导[M]．北京：科学出版社．

Ⅲ．苯酚法测定可溶性糖含量

## 一、实验目的

掌握苯酚法测定作物可溶性糖含量的原理及方法。

## 二、实验原理

植物在逆境胁迫尤其是高温胁迫过程中，体内可溶性糖含量会因胁迫强度的不同而表现出不同程度的积累，从而降低植物细胞的渗透势，增强植物的吸水和保水能力，为植物抵抗高温胁迫引起的次级水分胁迫奠定了生理基础。因此，研究逆境胁迫过程时可溶性糖的积累可作为植物适应不良环境的生理指标之一。

植物体内的可溶性糖主要是指能溶于水及乙醇的单糖和寡聚糖。苯酚法测定可溶性糖的原理如下：糖在浓硫酸作用下，脱水生成的糠醛或羟甲基糠醛能与苯酚缩合成一种橙红色化合物，反应后的溶液其可溶性糖含量在 $10\sim100\ \mu g/mL$ 浓度范围内其颜色深浅与糖的含量呈非常好的线性关系，且在 485 nm 波长处有最大吸收峰，故可用比色法在此波长处测定。苯酚法可用于甲基化的糖、戊糖和多聚糖的测定，方法简单，灵敏度高，基本不受蛋白质存在的影响，并且产生的颜色可稳定 160 min 以上。

## 三、实验用品

**1．材料**　　同第三章实验六Ⅰ.中材料。

**2．仪器与用具**　　分光光度计、微量加样器、刻度试管、移液管、试管架、容量瓶、烧杯、天平等。

**3．试剂**　　90%苯酚溶液［称取 90 g 苯酚（分析纯）加蒸馏水 10 ml 溶解，在室温下可保存数月］、9%苯酚溶液（取 3 ml 90%苯酚溶液，加蒸馏水至 30 ml，现配现用）、浓硫酸（相对密度为 1.84）、1%蔗糖标准液（将分析纯蔗糖在 80℃下烘至恒重，精确称取 1.000g，加少量水溶解，移入 100 ml 容量瓶中，加入 0.5 ml 浓硫酸，用蒸馏水定容至刻度）、100 $\mu g/ml$ 蔗糖标准液（精确吸取 1%蔗糖标准液 1 ml，加入 100 ml 容量瓶中，加水定容）等。

## 四、实验步骤

（1）标准曲线的制作。取 20 ml 刻度试管 11 支，从 0～10 分别编号，按表 3-6-1 加入溶液和水。然后按顺序向试管内加入 1 ml 9%苯酚溶液摇匀，再从管液正面快速加入 5 ml 浓硫酸，摇匀。比色液总体积为 8 ml，在恒温下放置 30 min，显色，然后以空白为参比，在 485 nm 波长下比色测定，以糖含量为横坐标，吸光度为纵坐标，绘制标准曲线。

表 3-6-1 试管配制表

| 物质名称 | 管号 | | | | | |
|---|---|---|---|---|---|---|
| | 0 | 1～2 | 3～4 | 5～6 | 7～8 | 9～10 |
| 1%蔗糖标准液（ml） | 0 | 0.2 | 0.4 | 0.6 | 0.8 | 1.0 |
| 水（ml） | 2.0 | 1.8 | 1.6 | 1.4 | 1.2 | 1.0 |
| 蔗糖量（μg/ml） | 0 | 10 | 20 | 30 | 40 | 50 |

（2）可溶性糖的提取。取上述玉米幼苗，剪碎混匀，称取 0.50 g，加入预冷的蒸馏水 3 ml 和少许石英砂，充分冰浴研磨后，转入离心管中，再用 2 ml 提取液洗研钵，合并提取液并于 4℃下 10 000 g 离心 20 min，上清液即为可溶性糖待测液。

（3）测定。吸取 0.5 ml 待测液于试管中（重复 2 次），加蒸馏水 1.5 ml，同制作标准曲线的步骤，按顺序分别加入 1 ml 9%苯酚、5 ml 浓硫酸溶液，显色并测定吸光度。

（4）结果计算。由标准线性方程求出糖含量，按下式计算测试样品中的可溶性糖含量。

$$可溶性糖含量（mg/g）= \frac{C \times V_2}{\omega \times V_1 \times 1000}$$

式中，$C$ 为由标准线性方程求得的糖含量（mg/g）；$V_1$ 为吸取样品液体积（ml）；$V_2$ 为提取液体积（ml）；$\omega$ 为样品鲜重（g）。

## 五、实验作业

计算可溶性糖含量，绘制图表并分析误差。

## 六、参考文献

刘家尧，刘新. 2010. 植物生理学实验教程[M]. 北京：高等教育出版社.

Ⅳ. 原子吸收分光光度法测定叶片汁液 K⁺含量

## 一、实验目的

1. 掌握原子吸收分光光度法测定作物叶片汁液 K⁺含量的原理和方法。

2. 了解作物叶片汁液 $K^+$ 的含量水平。

## 二、实验原理

钾是作物重要的"品质元素"，一般以钾离子的形式存在于作物组织细胞质中，在植物渗透调节过程中也发挥着重要作用。同时也有部分钾结合在作物细胞壁等组织中不参与渗透调节。植物组织经研磨细胞破碎后高速离心所得上清液绝大部分来自于细胞质和液泡，因此，可近似认为叶片匀浆离心后汁液中的钾含量即为参与细胞渗透调节的 $K^+$ 含量。

液体中 $K^+$ 含量可用原子吸收分光光度法测定。采用原子吸收分光光度法测定某金属离子含量，首先需制备该金属元素的标准溶液。测定时常先用去离子水稀释成一定浓度的母液，再配制成一系列不同浓度的标准溶液，通过测定其原子吸收光谱的吸光度值，绘制标准曲线。然后保持仪器在同样的工作状态下，测出样品待测液中该金属原子吸收光谱的吸光度，利用吸光度与原子浓度成正比的原理，在曲线上即可查到待测金属原子的浓度。配有电脑的原子吸收分光光度计，能自动绘制标准曲线，进行误差校正、含量换算，并在记录屏幕上直接显示出待测样品中各种金属原子的浓度结果。

本实验可结合逆境诱导的渗透调节实验比较分析正常植株和胁迫植株叶片中 $K^+$ 含量的差异。

## 三、实验用品

**1. 材料**　同第三章实验六 I. 中材料。

**2. 器具**　原子吸收分光光度计（HITACHI Z-2000）、中速离心机、研钵、移液管、容量瓶等。

**3. 试剂**　$K^+$ 标准母液（精确称取高纯度的 $KNO_3$ 1.011 g，用去离子水稀释并定容至 100 ml，得浓度为 0.1 mol/L 的 $K^+$ 母液）、标准溶液（等比稀释法用去离子水将 $K^+$ 的母液分别稀释成 0.1 mol/L、0.02 mol/L、0.004 mol/L、0.0008 mol/L、0.000 16 mol/L 的标准液）等。

## 四、实验步骤

**1. 样品的预处理**（干灰化法）

（1）按平均取样法称取待测玉米叶片 5～10 g，先用流水冲洗叶片表面污物，再用去离子水冲洗 2 或 3 次。用吸水纸吸干叶面水分，精确称取 5 g 待用。

（2）将干净的玉米叶片剪成 1 cm 长叶段，直接放入 50 ml 研钵内，加石英砂迅速研磨，快速将研磨液转入 1.5 ml 离心管中。

（3）低温下将离心管放入中速离心机 5000 r/min 离心 10 min。

（4）取出离心管，取上清液 50 μl 定容至 500 μl。

**2．样品的测定**

（1）按操作程序开启原子吸收分光光度计。

（2）用 1%的 $HNO_3$ 调零，并分别用标准溶液制作标准曲线。

（3）将待测样品上机进样检测，记录数字显示屏幕上的读数，即为每毫升样品液中所含 $K^+$的物质的量（mol/L）。

**3．结果计算**　　计算玉米汁液中 $K^+$的浓度或每克鲜重玉米叶片中 $K^+$的毫克数。

**4．结果分析**　　比较不同土壤水分条件下的 $K^+$浓度或钾元素含量的差异。

## 五、实验作业

1．如果在分析过程中出现待测样品 $K^+$浓度超出标准曲线范围，应在哪一环节进行优化？如何调整优化？

2．试讨论测定作物叶片中的 $K^+$浓度的生理学意义。

3．查阅文献，列出 1 或 2 种粮食作物主要生育期根、茎、叶、花、种子中 $K^+$的含量水平。

## 六、参考文献

苍晶，赵会杰. 2013. 植物生理学实验教程[M]. 北京：高等教育出版社.

刘家尧，刘新. 2010. 植物生理学实验教程[M]. 北京：高等教育出版社.

施海涛. 2016. 植物逆境生理学实验指导[M]. 北京：科学出版社.

# 第四章　作物营养生理生态实验

## 实验一　作物溶液培养法观察缺素症

### 一、实验目的

1. 掌握营养液配制的方法以及作物溶液培养的实验技术。
2. 通过观察作物缺乏特定矿质元素（如 N、P、K、Ca、Mg、Fe 等）的病症，了解矿质元素对作物生长发育的重要性。
3. 熟悉并掌握作物缺乏不同矿质元素典型症状的特征。

### 二、实验原理

作物在自养生活中，除了从土壤中吸收水分外，还必须吸收矿质元素，并将吸收的矿质元素运输到需要的部位加以同化利用，以维持正常的生命活动。必需元素是作物正常生长发育所必需的矿质元素，如缺少某一必需元素，作物便会表现出相应的缺素症，不能很好地生长发育甚至死亡。

溶液培养法，亦称水培法，是在含有全部或部分营养元素的溶液中培养作物的方法。培养液中营养元素的种类和含量可以人为控制，因此可以避免土壤中各种复杂因素的影响。而通过配制缺少某一特定元素的营养液，观察作物在该营养液中的生长情况，即可了解该元素对作物生长发育的必要性，并为缺素症的诊断提供参考依据。

### 三、实验用品

1. **材料**　作物（水稻、玉米或小麦）种子。
2. **仪器与用具**　天平、烧杯、移液管、量筒、培养缸（瓷质或塑料）等。
3. **试剂**　$Ca(NO_3)_2 \cdot 4H_2O$、$KNO_3$、$MgSO_4 \cdot 7H_2O$、$KH_2PO_4$、$K_2SO_4$、$CaCl_2$、$NaH_2PO_4$、$NaNO_3$、$Na_2SO_4$、$EDTA-Na_2$、$FeSO_4 \cdot 7H_2O$、$H_3BO_3$、$MnSO_4 \cdot 7H_2O$、$CuSO_4 \cdot 5H_2O$、$ZnSO_4 \cdot 7H_2O$、$H_2MoO_4 \cdot H_2O$、$NaOH$、$HCl$ 等。

### 四、实验步骤

1. **材料准备**　选取（水稻、玉米或小麦）饱满的种子 20 g，28～30℃浸泡一夜后均匀排放在盛有洗净的石英砂的温暖湿润的瓷盘中发芽，等第一片真叶完全展开后选取生长一致的幼苗移植到培养液中进行溶液培养。

**2. 配制培养液**　　大量元素及铁盐贮备液按表 4-1-1 分别用蒸馏水和分析纯试剂配制。微量元素贮备液则称取 2.860 g $H_3BO_3$、1.015 g $MnSO_4 \cdot 7H_2O$、0.220 g $ZnSO_4 \cdot 7H_2O$、0.079 g $CuSO_4 \cdot 5H_2O$ 和 0.090 g $H_2MoO_4 \cdot H_2O$ 溶解后于 1 L 容量瓶中定容配制。

表 4-1-1　大量元素及铁盐贮备液配制表

| 试剂成分 | | 浓度（g/L） | 备注 |
|---|---|---|---|
| $Ca（NO_3）_2 \cdot 4H_2O$ | | 236 | |
| $KNO_3$ | | 102 | |
| $MgSO_4 \cdot 7H_2O$ | | 98 | |
| $KH_2PO_4$ | | 27 | |
| $K_2SO_4$ | | 88 | |
| $CaCl_2$ | | 111 | |
| $NaH_2PO_4$ | | 24 | |
| $NaNO_3$ | | 170 | |
| $Na_2SO_4$ | | 21 | |
| EDTA-Fe | EDTA-$Na_2$ | 7.45 | 配制 EDTA-Fe，须将称量的 EDTA-$Na_2$ 和 $FeSO_4 \cdot 7H_2O$ |
| | $FeSO_4 \cdot 7H_2O$ | 5.57 | 分别溶解，合并后 65℃加热 1 h，再定容配制。 |

　　配好上述培养液后，再按表 4-1-2 配成完全培养液和缺素培养液，并用稀 NaOH 和稀 HCl 调节 pH 至 6 左右（水稻营养液调节至 5.5 左右），将培养液倒入带有盖孔的培养缸中。

表 4-1-2　完全培养液及缺素培养液配制表

| 贮备液 | 每 100 ml 培养液中贮备液用量（ml） | | | | | | |
|---|---|---|---|---|---|---|---|
| | 完全 | 缺 N | 缺 P | 缺 K | 缺 Ca | 缺 Mg | 缺 Fe |
| $Ca（NO_3）_2 \cdot 4H_2O$ | 0.5 | — | 0.5 | 0.5 | — | 0.5 | 0.5 |
| $KNO_3$ | 0.5 | — | 0.5 | — | 0.5 | 0.5 | 0.5 |
| $MgSO_4 \cdot 7H_2O$ | 0.5 | 0.5 | 0.5 | 0.5 | 0.5 | — | 0.5 |
| $KH_2PO_4$ | 0.5 | 0.5 | — | — | 0.5 | 0.5 | 0.5 |
| $K_2SO_4$ | — | 0.5 | 0.1 | | | | |
| $CaCl_2$ | — | 0.5 | — | | | | |
| $NaH_2PO_4$ | — | — | — | 0.5 | | | |
| $NaNO_3$ | — | — | — | 0.5 | 0.5 | | |
| $Na_2SO_4$ | — | — | — | — | — | 0.5 | |
| EDTA-Fe | 0.5 | 0.5 | 0.5 | 0.5 | 0.5 | 0.5 | — |
| 微量元素 | 0.1 | 0.1 | 0.1 | 0.1 | 0.1 | 0.1 | 0.1 |

**3. 培养与观察**　　将选取好的幼苗用海绵包裹茎基部，分别插入装有不同缺素培养液的培养缸盖孔中，每空一株。将培养缸移到温室中，经常注意管理并观察，用蒸馏水补充缸中失去的水分。每隔一周左右（随植株大小而定）更换培养液，每天注意通气，同时每 4～5 天测定并调节溶液的 pH。移苗当天记录幼苗的生长发育情况（株高、叶色、根长等），之后每 2 天观察一次，重点记录各种元素缺乏症的症状及出现的部位。

待植株症状表现明显后，将缺素培养液换成完全培养液，留下部分幼苗继续培养，观察缺素症状是否减轻甚至消失，并记录结果。

**4. 注意事项**　　培养期间需要注意及时补充水分、调节 pH、经常通气，并合理定期更换培养液。

## 五、实验作业

1. 根据记录结果总结作物缺乏 N、P、K、Ca、Mg、Fe 元素时的主要症状，以及更换培养液后这些症状的缓解情况。

2. 比较作物缺乏不同元素时的症状差异并思考原因。

## 六、参考文献

罗凤. 2011. 氮磷胁迫对水稻营养生长期氮代谢的影响分析[D]. 武汉：华中农业大学硕士学位论文.

# 实验二　作物器官矿质元素含量的测定

## 一、实验目的

1. 掌握电感耦合等离子体质谱法（ICP-MS）测定矿质元素含量的原理与方法。

2. 了解水稻植株体内矿质元素的分配特点。

## 二、实验原理

矿质元素在植物体内以不同形态存在，测定矿质元素含量首先要通过消解破坏有机物、溶解颗粒物，并将各种价态的待测元素氧化成单一高价态或转换成易于分解的无机化合物，再进行测定。消解分为湿式消解法和干灰化法，湿式消解法较为常用，可以根据样品及测定元素的特性选择合适的消解氧化剂。传统的湿式消解法主要是利用酸和高温，而目前主流的是微波消解。微波消解利用微波辐射对样品进行直接加热使密封罐内形成高温高压，具有加热快、温度高、酸消耗少、消解能力强等优点。密闭的消解罐可防止酸的逸出和挥发性组分的损失。

矿质元素的测定常用的方法有原子吸收光谱法（AAS）、电感耦合等离子体原子发射光谱法（ICP-OES/ICP-AES）和电感耦合等离子体质谱法（ICP-MS）。AAS 是利用原子光谱中单色光照射，所以只能检测一种元素的含量，检测限比较低且重现性较好；后两种方法利用 ICP 作为电离源，ICP-OES 是将样品通过 ICP 后，氩气电离后产生的等离子体激发元素，使其发射特征波长的辐射，利用单色器进行分光，最后被检测到，它可以同时检测多种原子和离子。而 ICP-MS 与 ICP-OES 类似，只是将检测器换成质谱，根据质荷比进行检测，可以测定许多痕量元素，还可以对多形态的元素（如砷）进行测定。ICP-MS/ICP-OES 可以检测出绝大多数的元素，可以根据实验要求进行选择。

## 三、实验用品

1．**材料**　小麦植株、油菜。
2．**仪器与用具**　烘箱、天平、试管、容量瓶、ICP-MS 检测仪等。
3．**试剂**　硝酸、高氯酸、过氧化氢等。

## 四、实验步骤

1．**材料准备**　取小麦和油菜幼苗，分为地上部和根取样，105℃杀青 30 min，80℃烘干至恒重，称重后研磨成粉末过筛待用。

2．**样品处理**　称取粉末干样 0.5 g 放入消煮管中，加硝酸/高氯酸（体积比为 3：1），静置 2 h 以上。静置后的样品于消煮炉 100℃加热 30 min，待棕黄色烟除尽后升高温度至 250℃，观察消煮管内样品的变化并及时加入双氧水以防爆溅，直至消煮液澄清无色后关闭消煮炉，消煮管冷却后将溶液转移到容量瓶中定容至 50 ml，过滤上机，同时作空白处理（不加样品，仅有消煮所需的试剂）和标线。每个样品测定 3 次重复，用电感耦合等离子体质谱法（ICP-MS）测定。具体上机操作参照仪器使用手册。

3．**标线制作**　准确吸取 100 mg/L 含各种矿质元素的标准溶液 0 ml、0.5 ml、1.0 ml、2.5 ml、5.0 ml、10 ml、20 ml，分别放入 50 ml 容量瓶中，加入与吸取的待测液等量的空白消煮液，加水定容即得 0 mg/L、1 mg/L、2 mg/L、5 mg/L、10 mg/L、20 mg/L、40 mg/L 的标准系列溶液。然后上机从稀到浓依次进行测定，以读数为纵坐标绘制标准曲线。

4．**结果计算**

$$植株矿质元素含量 = \frac{[\rho \cdot (V \times 10^{-3})] \times 10^{-3}}{m} \times 100\%$$

式中，$\rho$ 为从标准曲线查得显色液矿质元素的质量浓度（mg/L）；$V$ 为定容体积（ml）；$m$为称取的样品质量（g）；$10^{-3}$为将ml换算为L的换算系数；$10^{-3}$为将mg换算为g的换算系数。

**5. 注意事项**

（1）按要求制作标准曲线，尽量使待测样品的值落在标准曲线的中间。

（2）标准溶液和待测液的组成要基本相同。因为溶液组成的改变（包括酸碱、阴阳离子的浓度）对测定结果有影响。

## 五、实验作业

1. 计算小麦和油菜各矿质元素在地上部和地下部的分布，结果以表格形式呈现。

2. 归类地上部和地下部含量差异比较大和含量接近的矿质元素有哪些？

## 六、参考文献

昝亚玲. 2012. 氮磷对旱地冬小麦产量、养分利用及籽粒矿质营养品质的影响[D]. 杨凌：西北农林科技大学博士学位论文.

张黛静，姜丽娜，张志娟，等. 2011. ICP-MS/ICP-AES 测定小麦穗离体培养籽粒营养元素及重金属含量[J]. 光谱学与光谱分析，31（7）：1935-1938.

# 实验三　作物矿质元素磷、钾含量的测定

## 一、实验目的

1. 掌握利用钼蓝比色法测定磷含量和火焰分光法测定钾含量的实验方法。
2. 熟悉使用分光光度计的比色操作。

## 二、实验原理

作物维持自身的正常生长发育需要足够的矿质元素，氮、磷、钾是作物生长需求量最大、生理作用最重要的三种矿质元素，被称之为"肥料三要素"。测定作物体内的氮、磷、钾含量对鉴定作物生长状况和科学合理施肥具有重要的参考价值。除了电感耦合等离子体质谱测定方法之外，氮磷钾三种元素还有其他常用的方法。目前氮含量的测定主要采用凯氏定氮法，本实验用钼蓝比色法测定磷含量和火焰分光法测定钾含量。

磷在作物体内参与光合作用、呼吸作用、能量的传递和储存等一系列生理生化过程，缺磷的植株会明显矮小，同时幼叶叶色变深，老叶变紫红。磷通常以 $H_2PO_4^-$ 和 $HPO_4^{2-}$ 被作物根系吸收。而在酸性条件下，作物体内的无机磷可与钼

酸铵作用生成磷钼酸铵，并被氯化亚锡还原成蓝色的磷钼蓝（最大吸收波长为660 nm），由蓝色的深浅即可测定磷的含量。如呈深蓝色，表示磷量丰富，浅蓝色表示磷肥足量，无色或黄色表示极度缺磷。

$$H_3PO_4 + 24(NH_4)_2MoO_4 + 21HCl \longrightarrow (NH_4)_3PO_4 \cdot 12MoO_3 + 21NH_4Cl + 12H_2O$$
磷钼酸铵

$$(NH_4)_3PO_4 \cdot 12MoO_3 + SnCl_2 \longrightarrow (MoO_2 \cdot 4MoO_3 \cdot PO_4) \cdot 4H_2O$$
磷钼蓝

钾是作物体内重要的渗透调节物质，也以酶的活化者的身份参与蛋白质、糖类的合成，进而促进光合作用等生理活动进程。缺钾的作物茎秆会变得柔弱，老叶会产生坏死斑点。钾在作物体内主要以游离态的钾离子存在。钾离子受到热能激发后，有一些电子就吸收能量跃迁到离核较远的轨道上，待这些电子返回后，原先吸收的能量就会以光的形式重新发射出来，形成钾元素特定波长的光谱。光线通过滤光片照射光电池产生光电流，经过一系列放大路线后，就能被检流计检测出电流强度，通过光电流的电流强度就可推算出钾的含量。

## 三、实验用品

**1. 材料**　　水稻植株。

**2. 仪器与用具**　　烘箱、分光光度计、火焰光度计、离心机、研钵、容量瓶、移液管、漏斗等。

**3. 试剂**　　氯化锡溶液、钼酸铵-硫酸混合液、硝酸、高氯酸、过氧化氢等。

## 四、实验步骤

**1. 材料准备**　　取水稻幼苗，分为地上部和根取样，105℃杀青 30 min，80℃烘干至恒重，称重后研磨成粉末过筛待用。

**2. 样品处理**　　操作步骤同第四章实验二。分别选定了 660 nm 波长的分光光度计和火焰光度计测定读数，根据读数，分别从对应标准曲线上查得溶液的 P、K 含量。

**3. 标准曲线制作**　　准确吸取 100 mg/L 含磷的标准溶液 0 ml、0.5 ml、1.0 ml、2.5 ml、5.0 ml、10 ml、20 ml，分别放入 50 ml 容量瓶中，加入与吸取的待测液等量的空白消煮液，加水定容即得 0 mg/L、1 mg/L、2 mg/L、5 mg/L、10 mg/L、20 mg/L、40 mg/L 的标准系列溶液。

磷：分别提取各浓度磷的标准溶液 1 ml 于试管中，加入钼酸铵-硫酸混合液3 ml，再加氯化锡溶液 0.1 ml，混匀后静置 15 min。选择 660 nm 的波长，以 0 浓度为参比值，使用分光光度计分别测定 OD。以磷的质量浓度为横坐标、OD 为纵坐标绘制标准曲线。

钾：取各浓度钾的标准溶液，以 0 浓度为参比值用火焰光度计测定，然后以钾的质量浓度为横坐标、检流计读数为纵坐标绘制标准曲线。

**4. 结果计算**

$$磷/钾（\%）=\rho \cdot V \times 分取倍数 \times 10^{-4}/m$$

式中，$\rho$ 为从标准曲线查得显色液矿质元素的质量浓度（mg/L）；$V$ 为测定液体积（ml）；$m$ 为烘干样质量（g）；$10^{-4}$ 为将浓度单位换算为百分含量的换算因数。

**5. 注意事项**

（1）配制钼酸铵-硫酸混合液时，要先稀释浓硫酸，再混合溶液，最后定容。

（2）显色时间不可过长，否则蓝色会褪去导致实验失败。

## 五、实验作业

1. 比较作物地上部和地下部磷、钾含量的分布差异，结果以表格形式呈现。

2. 比较比色法和火焰分光法的差异，总结两种方法的优点和缺点。

## 六、参考文献

鲁如坤. 2000. 土壤农业化学分析方法[M]. 北京：中国农业科学技术出版社.

# 实验四　总氮量的测定——微量凯氏定氮法

## 一、实验目的

1. 了解微量凯氏定氮法的原理。

2. 掌握微量凯氏定氮法的操作方法。

## 二、实验原理

植物组织中的有机氮化物包括蛋白氮和非蛋白氮（主要是氨基酸和酰胺以及少量无机氮化物）。一般植物含氮量用凯氏定氮法来测定。当植物组织与浓硫酸共热时，浓硫酸分解为二氧化硫、水和原子态氧，并将有机物氧化分解成二氧化碳和水；而其中的氮转变成氨，并进一步生成硫酸铵。分解反应进行得很慢，可加入硫酸铜及硫酸钾或硫酸钠促进其进行，其中硫酸铜为催化剂，硫酸钾或硫酸钠可提高消化液的沸点。氧化剂过氧化氢也能加速反应。

消化完成后，在凯氏定氮仪中加入过量的 NaOH，将 $NH_4^+$ 转变成 $NH_3$，通过蒸馏将 $NH_3$ 导入过量的硼酸溶液中，再用标准强酸溶液滴定，直到硼酸恢复原来的氢离子浓度。滴定消耗的标准强酸可以计算得到 $NH_3$ 的量，从而折算出含氮量。

以甘氨酸为例，该过程的化学反应如下：

$$H_2N-CH_2-COOH + 3H_2SO_4 \longrightarrow 2CO_2\uparrow + 3SO_2\uparrow + 4H_2O + NH_3\uparrow$$

$$2NH_3 + H_2SO_4 \longrightarrow (NH_4)_2SO_4$$

$$(NH_4)_2SO_4 + 2NaOH \longrightarrow 2H_2O + Na_2SO_4 + 2NH_3\uparrow$$

## 三、实验用品

**1. 材料**　水稻植株。

**2. 仪器与用具**　消煮管、移液管、锥形瓶、电热消煮炉、半微量定氮蒸馏器、半微量滴定管、量筒、容量瓶等。

**3. 试剂**

（1）浓硫酸（AR 级）。

（2）混合催化剂：$K_2SO_4$：$CuSO_4 \cdot H_2O$＝5：1，充分研磨，混合均匀，贮存备用。

（3）混合指示剂：200 ml 质量分数为 0.1% 的甲基红乙醇溶液和 50 ml 质量分数为 0.1% 的甲烯蓝乙醇溶液混合，贮存于棕色瓶中备用。指示剂在 pH＝5.2 时为紫红色，pH＝5.4 时为暗灰或褐色，pH＝5.6 时为绿色。

（4）40% NaOH：400 g NaOH 溶于约 600 ml 蒸馏水，冷却后定容至 1 L。

（5）质量分数为 2% 的硼酸溶液：称取 20 g 硼酸，溶于 950 ml 蒸馏水，加入 20 ml 混合指示剂，充分摇匀后用 0.1 mol/L 的 NaOH 调至溶液呈紫红色（pH 约 4.5），定容至 1 L。

（6）硫酸标准溶液（0.1 mol/L）：取 5.0 ml 95% 浓硫酸用蒸馏水稀释至 1 L。

## 四、实验步骤

（1）消煮。称取磨碎植株样品 0.5000 g，置于 50 ml 消煮管中，加入 1 g 混合催化剂，再加入浓 $H_2SO_4$ 5 ml，小心摇匀后盖上小弯颈漏斗，置于消煮炉上缓慢加热，待消煮液呈棕色，气泡较少时，可升高温度。消煮至溶液呈清亮的蓝绿色时，再加热约 10 min，取下冷却，加入少量蒸馏水，充分散热后，用蒸馏水定容至 50 ml，混匀备用。

（2）蒸馏。吸取 5 ml 消煮液加入半微量定氮蒸馏器中，并用少量的蒸馏水洗涤蒸馏器内室，使蒸馏总体积不超过 20 ml，向蒸馏器内室加入 3 ml NaOH 开始蒸馏。另取一只锥形瓶，加入 5 ml 含有混合指示剂的硼酸溶液，放置在冷凝器承接管下。待流出液体积达到蒸馏体积 2/3 以上时停止蒸馏。

（3）滴定。取下锥形瓶用标准硫酸溶液滴定，当硼酸溶液由绿色突变为紫红色时为滴定终点，记录消耗标准硫酸的体积。

（4）结果计算。

$$样品中总氮量＝（V-V_0）\times 10^{-3}\times C\times 14\div W\times 100\%$$

式中，$V$ 为样品测定消耗的 $H_2SO_4$ 标准溶液体积（ml）；$V_0$ 为空白测定消耗的 $H_2SO_4$ 标准溶液体积（ml）；$C$ 为 $H_2SO_4$ 标准溶液的摩尔浓度（mol/L）；14 为蛋白质的相对分子质量；$10^{-3}$ 为 ml 换算成 L 的系数；$W$ 为样品总质量（mg）；两次平行测定结果允许绝对相差为 0.005%。

## 五、实验作业

1．请准确测出植株样品的氮含量。
2．请分析消化过程有哪些注意事项。

## 六、参考文献

郝再彬，苍晶，徐仲．2004．植物生理实验[M]．哈尔滨：哈尔滨工业大学出版社．

李合生．2000．植物生理生化实验原理和技术[M]．北京：高等教育出版社．

刘立军．2005．水稻氮肥利用效率及其调控途径[D]．扬州：扬州大学博士学位论文．

# 实验五　硝酸还原酶活性的测定

## 一、实验目的

熟悉和掌握硝酸还原酶活性测定的方法及原理。

## 二、实验原理

硝酸还原酶是作物硝酸盐同化中的限速酶，对于氮肥的初步吸收利用具有重要意义，能显著影响植物的生长发育，它的活性甚至是整个作物营养状况或者农田施肥量的衡量标准之一。硝酸还原酶催化硝酸盐还原成亚硝酸盐：

$$NO_3^- + NADH + H^+ \longrightarrow NO_2^- + NAD^+ + H_2O$$

被还原的 $NO_2^-$ 会渗透到外界的溶液中，因此测定反应液中 $NO_2^-$ 含量的增加就能表现硝酸还原酶的活性大小。$NO_2^-$ 的含量用磺胺显色法测定。产生的亚硝酸盐与对-氨基苯磺酸（或对-氨基苯磺酰胺）及 α-萘胺（或萘基乙烯二胺）在酸性条件下定量生成红色偶氮化合物，在 540 nm 处有最大吸收峰，因而可用分光光度计测定。

## 三、实验用品

1．材料　　小麦（水稻）叶片。

**2．仪器与用具**　　分光光度计、真空泵（或注射器）、真空干燥器、天平、恒温箱、离心机、钻孔器（或剪刀）、锥形瓶、烧杯、移液管、试管等。

**3．试剂**　　0.1 mol/L pH 7.5 的磷酸缓冲液、0.2 mol/L 的硝酸钾溶液、磺胺试剂、α-萘胺试剂、$NaNO_2$ 标准溶液等。

## 四、实验步骤

**1．样品处理**　　将新鲜取回的植株叶片水洗，用吸水纸吸干叶片表面的水后，用钻孔器（或剪刀）裁成小片（如直径约 1 cm 的圆片），蒸馏水冲洗后吸干水分，称取等重的两份，每份约 0.4 g，分别加入 50 ml 的锥形瓶中。锥形瓶内的溶液成份分别是 5 ml 蒸馏水＋5 ml pH 7.5 的磷酸缓冲液以及 5 ml 硝酸钾溶液＋5 ml pH 7.5 的磷酸缓冲液。然后使用真空泵（或注射器）对两个烧杯进行抽气，使得放气后叶片能沉于溶液中。将锥形瓶取出放入 25℃温箱中，避光 30 min（加入质量分数为 30%的三氯乙酸 1 ml 终止酶反应）。

**2．$NO_2^-$ 含量测定**　　避光保温 30 min 后取出锥形瓶，分别吸取 1 ml 反应液于试管中，加入磺胺试剂 2 ml，混匀后再加入 α-萘胺 2 ml，再次混匀后在温箱中静置 15～20 min。用分光光度计在波长 540 nm 处比色测定，记下 OD，从标准曲线上查得 $NO_2^-$ 含量。

**3．标准曲线制作**　　准确吸取 5 mg/L $NaNO_2$ 的标准溶液 0 ml、0.1 ml、0.2 ml、0.4 ml、0.6 ml、0.8 ml、1.0 ml，分别放入 10 ml 容量瓶中，加入 2 ml 磺胺试剂，再加入 2 ml α-萘胺，加水混匀定容，在 25℃温箱中静置 15～20 min，即得 0 mg/L、0.5 mg/L、1 mg/L、2 mg/L、3 mg/L、4 mg/L、5 mg/L 的标准系列溶液。然后立刻用分光光度计（540 nm）测定 OD，以读数为纵坐标、$NaNO_2$ 的质量浓度为横坐标绘制标准曲线。

**4．结果计算**

$$硝酸还原酶活性 [\mu g/(g \cdot h)] = \rho \cdot V/(m \cdot t)$$

式中，$\rho$ 为从标准曲线查得显色液 $NaNO_2$ 的质量浓度（mg/L）；$V$ 为测定液体积（ml）；$m$ 为样品鲜重（g）；$t$ 为反应的总时间（h）。

**5．注意事项**

（1）取样前叶子要进行一段时间的光合作用，确保糖类的积累，以免酶活性下降。

（2）硝酸还原酶为诱导酶，可在前一天叶面喷施硝酸盐，增强其活性，取样后则需清洗表面的硝酸盐。

## 五、实验作业

1．比较不同作物叶片硝酸还原酶活性的差异。

2．如果用离体法测定硝酸还原酶活性，方法可能会有什么不同？为什么？

## 六、参考文献

蔡庆生. 2013. 植物生理学实验[M]. 北京：中国农业大学出版社.

刘新. 2015. 植物生理学实验指导[M]. 北京：中国农业大学出版社.

张志良. 2009. 植物生理学实验指导[M]. 北京：高等教育出版社.

# 实验六　稻田氮损失的测定

## 一、实验目的

1. 了解稻田氮损失的途径。
2. 掌握稻田氮损失的取样和测定方法。

## 二、实验原理

氮素对水稻叶片光合、分蘖、穗分化和籽粒灌浆等生理活性和生育进程均有重要影响，对水稻产量形成具有重要的调控作用（胡孔峰等，2006；李刚华等，2009；郑永美等，2007）。当前，农民主要通过增加氮肥投入来实现粮食的增产。然而在过去 10 年中，持续增加的氮肥投入并没有使相应的作物产量成比例增加，我国氮肥利用率低于世界平均水平。过量的氮肥进入大气和水体，引发酸雨及水体富营养化等一系列生态环境问题，造成了资源的浪费和环境的污染。

氮的损失途径主要包括氨（$NH_3$）挥发、硝化、反硝化、表面径流和淋溶。氨挥发是稻田氮损失的主要途径，占总氮的 9%～40%。大量挥发 $NH_3$ 造成一系列环境问题如大气霾、雨酸化与地表水体富营养化等。过量的氮肥使用通常会使氮肥利用效率低和氮肥淋溶损失严重。由氮肥的施用引起的水体污染受到越来越多人的关注。农业氮肥淋溶损失是水体恶化的主要原因之一。

稻田间氨挥发损失测定是以真空泵作为动力源，利用空气置换密闭室内的 $NH_3$（密闭室通气法是通过真空泵将密闭室中空气置换为土壤上方 2 m 处的空气来测定氨挥发的方法），挥发出来的 $NH_3$ 随着抽气气流进入吸收瓶中，以含有指示剂的 2% 硼酸溶液作为氨吸收液，最后用标准稀硫酸溶液滴定来测算氨挥发量。

稻田中氮素的淋溶损失主要用原位渗漏管法来测定。采用长度为 60 cm 和 100 cm、内径为 5 cm 的 2 种 PVC 管分别插入各小区土壤 20 cm 和 60 cm 处，收集不同土壤深度渗漏液（图 4-6-1）；埋藏位置为各小区中央。管子底部用 1 cm 厚石英砂封口，并用直径为 0.147 mm 的尼龙网袋固定。上部预留 40 cm，并用订制塑料盖盖严，防止水气进入管内。由于水稻根系一般不能穿越犁地层，犁地层以下土壤渗漏液中氮含量通常被视为水稻当季的氮淋溶损失。

图 4-6-1  收集不同土壤深度渗漏液

　　施于稻田中的氮素会有部分残留于土壤中。于水稻成熟期，按照 0～20 cm、20～40 cm 和 40～60 cm 间隔分层取土壤样品，每个小区每个部位重复 5 次，充分混合后，立即带回室内测定。新鲜的土壤样品采用 2 mol/L KCl 溶液（土壤：溶液＝1∶5），于摇床振荡（180 r/min）浸提 1 h。获得的浸提液采用连续流动分析仪测定其中 $NH_4^+$-N 和 $NO_3^-$-N 含量。

## 三、实验用品

　　**1．材料**　　水稻土壤样品。

　　**2．仪器与用具**　　150 ml 锥形瓶、0.3 cm 橡胶管、橡胶塞、止水夹、药勺、称量纸、100 ml 容量瓶、玻璃棒、50 ml 烧杯、保鲜膜、桶、洗耳球、5 ml 移液管、0.5 ml 移液管、2 L 容量瓶、50 ml 量筒、PVC 管、塑料盖、0.147 mm 尼龙网袋、60 ml 针筒、50 ml 离心管、便捷式真空泵、连续流动分析仪、摇床、快速渗漏水计等。

　　**3．试剂**　　溴甲酚绿、甲基红、95%乙醇、硼酸、浓硫酸、2 mol/L KCl 溶液等。

　　（1）溴甲酚绿-甲基红混合指示剂：溶液Ⅰ，称取 0.1 g 溴甲酚绿溶于 95%乙醇，用 95%乙醇稀释至 100 ml；溶液Ⅱ，称取 0.2 g 甲基红溶于 95%乙醇，用 95%乙醇稀释至 100 ml；取 30 ml 溶液Ⅰ、10 ml 溶液Ⅱ，混匀。

　　（2）2% $H_3BO_3$ 指示剂溶液：20.0 g $H_3BO_3$（三级）溶于 1 L 水中，每升 $H_3BO_3$ 溶液加入溴甲酚绿-甲基红混合指示剂 5 ml 并用稀酸或稀碱调至微紫色，pH 为 4.8，宜现配现用。

　　（3）0.005 mol/L $H_2SO_4$ 标准溶液：0.556 ml 浓硫酸加水至 2 L。

## 四、实验步骤

　　（1）田间氨挥发测定于每天 7:00～9:00、13:00～15:00 进行。利用密闭室通气法置换密闭室内的 $NH_3$，挥发出来的 $NH_3$ 随着抽气气流进入吸收瓶中，以含有混合有指示剂的2%硼酸溶液作为氨吸收液,最后用标准稀硫酸溶液滴定来测算氨挥发量。

密闭室为直径 20 cm(内径 19 cm)、高 15 cm 的底部开放的有机玻璃圆筒,顶部留有一通气孔(直径 25 mm)与 2.5 m 高的通气管连通,将通气管架到地面 2.5 m 高处,保证交换空气氨浓度一致。将密闭室嵌入表土中,上面留有 8~10 cm 高的密闭室空间。每天 7:00~9:00 和 13:00~15:00 测定,换气频率为 15~20 次/min,以这 4 h 的通量值作为每天氨挥发的平均通量,直至施肥处理硼酸吸收液观察不到明显变色时结束。

$$日氨挥发量 [kg/(hm^2 \cdot d)] = \frac{C \times V \times 2 \times 14}{1000 \times 4 \times 1000} \times 24 \times 1000 \times \frac{1}{\pi R^2}$$

式中,$V$ 为滴定消耗硫酸的体积(ml);14 为氨气的摩尔质量(g/mol);$R$ 为有机玻璃筒半径。

(2)渗漏液收集采用原位渗漏管法。将 2 种 PVC 管分别插入各小区中央的土壤 20 cm 和 60 cm 处,收集不同土壤深度渗漏液。管子底部用 1 cm 厚石英砂封口,并用直径为 0.147 mm 的尼龙网袋固定。上部预留 40 cm,并用订制塑料盖盖严,防止水气进入管内。因此当前试验中,收集的 60 cm 处渗漏液被当作淋溶液,这一标准也很好地吻合当地稻田氮肥淋溶深度标准(40~100 cm)。每次取样前 24 h,用便携式真空泵连接直径为 0.3 cm 的橡胶管,深入管底,将管内液体全部吸出。取样的间隔时间一般为 10~15 d,获得的样品立即带回实验室,4℃短期保存,直到测定。

实时的淋溶下渗速率采用改进的快速渗漏水计测定。

$$单次淋溶体积 (m^3/hm^2) = 平均垂直下渗速率 (mm/d) \times 间隔天数 (d) \times 10^{-3} \times 10^4$$

$$单次淋溶损失量 (kg\,N/hm^2) = 单次淋溶体积 (m^3/hm^2) \times 渗漏液中无机氮浓度 (mg\,N/L)$$

总的无机氮淋溶损失等于各时期损失之和。

(3)田面水无机氮浓度测定。于施肥的第一周,每天上午的 8:00~10:00,之后每隔 1 周,用注射器在不扰动土层的情况下,吸取中下层田面水,重复 5 次,混合装入 50 ml 离心管中,立即带回实验室,4℃短期保存,直到测定。土壤渗漏液、田面水样过滤后,直接采用连续流动分析仪测定其中 $NH_4^+$-N 和 $NO_3^-$-N 含量。

(4)于水稻成熟期,按照 0~20 cm、20~40 cm 和 40~60 cm 间隔分层取土壤样品。新鲜的土壤样品采用 2 mol/L KCl 溶液,于摇床振荡(180 r/min)浸提 1 h。获得的浸提液采用连续流动分析仪测定其中 $NH_4^+$-N 和 $NO_3^-$-N 含量。为计算土壤无机氮浓度,土壤含水量测定采用称重法。氮肥表观损失计算如下:

$$氮矿化 (kg\,N/hm^2) = 空白区氮支出 - 空白区氮投入$$

$$氮表观损失（kg N/hm^2）＝氮投入－氮支出$$

式中，空白区氮支出即作物氮吸收＋收获后土壤剖面 0～60 cm 无机氮残留；空白区氮投入即移栽前土壤剖面 0～60 cm 无机氮残留；氮投入即肥料氮投入＋移栽前土壤剖面 0～60 cm 无机氮残留＋氮矿化；氮支出即作物氮吸收＋收获后土壤剖面 0～60 cm 无机氮残留。

## 五、实验作业

设计试验进行稻田中土壤无机氮时空变化的测定。

## 六、参考文献

胡孔峰，杨泽敏，雷振山．2006．中国稻米品质研究的现状与展望[J]．中国农学通报，26：130-135．

李刚华，张国发，陈功磊，等．2009．超高产常规粳稻宁粳 1 号和宁粳 3 号群体特征及对氮的响应[J]．作物学报，35：1106-1114．

吴正贵，柯健，何荣川，等．2017．太湖地区水稻控释肥机插侧条施肥技术[J]．江苏农业科学，45（23）：69-71．

邢晓鸣，李小春，丁艳锋，等．2015．缓控释肥组配对机插常规粳稻群体物质生产和产量的影响[J]．中国农业科学，48：4892-4902．

郑永美，丁艳锋，王强盛，等．2007．起身肥改善水稻根际土壤氮素分布与利用的研究[J]．中国农业科学，40：314-321．

# 实验七　养分利用率试验设计

## 一、实验目的

1．学习作物养分利用率试验的设计方法。
2．掌握作物养分利用率的计算方法。
3．了解作物养分利用率试验在科研工作中的重要性。

## 二、实验原理

土壤养分的平衡协调是影响农业生产的重要因素，通过研究农田生态系统中施肥对作物养分利用的影响，可以加强对养分循环的调控，同时通过养分的投入与携出量分析可以确定土壤中养分的盈亏状况，从而为平衡施肥提供依据，这在农业可持续发展中具有极其重要的意义。本实验以小麦植株为材料，通过田间试验，了解作物养分利用率试验设计方法。

## 三、实验用品

**1. 材料**　小麦植株。
**2. 仪器与用具**　烘箱、电子天平、万能粉碎机等。
**3. 试剂**　硫酸、双氧水等。

## 四、实验步骤

（1）试验设计。田间试验共设 5 个处理，其中以不施肥为对照（表 4-7-1）。小区面积为 3 m×4 m＝12 m$^2$，随机区组排列，3 次重复，行距 25 cm。3 叶期定苗，每公顷 225 万苗。根据各肥料 N、$P_2O_5$、$K_2O$ 的含量，计算不同施肥处理的肥料施用量。各处理 50%氮肥及全部磷钾肥均一次性作基肥施入，其余的 50%氮肥分别在小麦拔节期和孕穗期追施，比例为 3∶2。其余管理措施同大田高产栽培。

表 4-7-1　试验处理的 N、$P_2O_5$ 和 $K_2O$ 施用量

| 处理 | N | $P_2O_5$ | $K_2O$ |
| --- | --- | --- | --- |
| $N_0P_0K_0$ | 0 | 0 | 0 |
| $N_0P_{120}K_{120}$ | 0 | 120 | 120 |
| $N_{240}P_0K_{120}$ | 240 | 0 | 120 |
| $N_{240}P_{120}K_0$ | 240 | 120 | 0 |
| $N_{240}P_{120}K_{120}$ | 240 | 120 | 120 |

（2）测定方法。于小麦成熟期，采集各 5 个处理的植株地上部分，将样品分为籽粒、颖壳、茎秆和叶片，籽粒晒干后称重，其余各器官于烘箱中 105℃杀青、75℃烘干后称重。样品称完后用万能粉碎机磨成粉末。采用硫酸、双氧水消煮，利用半微量凯氏定氮法测定全氮含量；采用钒钼黄比色法测定全磷含量；采用火焰分光法测定全钾含量。根据公式计算养分吸收量和养分利用率：

养分吸收量＝籽粒产量×籽粒养分含量＋茎秆产量×茎秆养分含量

$$养分利用率＝\frac{施肥处理植株养分吸收量－不施肥处理植株养分吸收量}{施肥量}×100\%$$

## 五、实验作业

1. 计算各处理的养分吸收量和养分利用率。
2. 比较不同处理养分吸收量和养分利用率的差异，并分析其原因。
3. 比较小麦对不同养分的吸收量和利用率的差异，并分析其原因。

# 六、参考文献

刁超朋，李小涵，王朝辉，等．2019．旱地高产小麦品种籽粒含磷量差异与氮磷钾吸收利用的关系[J]．植物营养与肥料学报，25（3）：351-361．

黄婷苗，郑险峰，侯仰毅，等．2015．秸秆还田对冬小麦产量和氮、磷、钾吸收利用的影响[J]．植物营养与肥料学报，21（4）：853-863．

刘璐，王朝辉，刁超朋，等．2018．旱地不同小麦品种产量与干物质及氮磷钾养分需求的关系[J]．植物营养与肥料学报，24（3）：599-608．

# 第五章 作物二氧化碳生理生态实验

## 实验一 CO$_2$浓度增加系统设计

### 一、实验目的

1. 了解 CO$_2$ 浓度增加装置的控制方法。
2. 比较几种 CO$_2$ 浓度增加装置的优缺点。

### 二、实验原理

从控制 CO$_2$ 浓度的方法来看，主要有封闭式气室（塑料大棚、温室、人工气候室、同化箱等）、开顶式气室和开放式装置 3 种类型，用于模拟当前农田生态环境下 CO$_2$ 浓度增加时作物的生长状况。

封闭式气室多由玻璃或透明塑料薄膜等材料组成密闭箱体（图 5-1-1）。箱内大多放置盆栽作物，借助 CO$_2$ 气瓶不断向箱内供应适量 CO$_2$ 气体，使作物在设定 CO$_2$ 浓度处理下生长。利用制冷器、热交换器、温度传感器、加湿器、湿度传感器等，24 h 跟踪室外环境温度、湿度日变化从而进行温湿度调控，室内与室外环境温度平均偏差<1℃，湿度平均偏差<10%。封闭式系统容积较小，便于实现对 CO$_2$ 浓度监控，系统内 CO$_2$ 分布比较均匀，用气量很少，而且不会向大气中排放 CO$_2$。但该装置最大不足之处是其环境条件与自然生态环境条件的差异、盆栽实验与农田植被的不同，因此应用受到一定限制。

开顶式气室（OTC）材料与封闭式气室相似，所不同的是顶部敞开，体积一般为 10~20 m$^3$（图 5-1-2）。气室内有的放置盆栽作物，有的直接用于农田，由砂网过滤器、碳过滤器、轴流通风机、带孔栅板、CO$_2$ 注入孔、CO$_2$ 气室等几部分组成。气室利用 CO$_2$ 钢瓶作为气源，供试气体和经过过滤的自然空气混合后，首先进入气室的栅板底部空间，再从栅板上直径为 12 mm 的孔眼通入气室。一般不进行温度、湿度、光照等环境控制。

开放式装置（FACE）摆脱了实验室小空间、微环境的束缚，在农田自然生态环境下进行 CO$_2$ 增加的模拟实验，其范围为几公顷，下垫面为自然（农田）植被（图 5-1-3）。该装置依靠计算机自动控制，由 CO$_2$ 储液罐、调压阀、送气管道、控制阀、放气管几部分组成。其中，放气管为 8 根灌溉用塑料管围成的八角形，每根放气管长度为 5 m，通过放气管上呈锯齿状分布 0.5~0.9 mm 的小孔释放 CO$_2$ 气体。

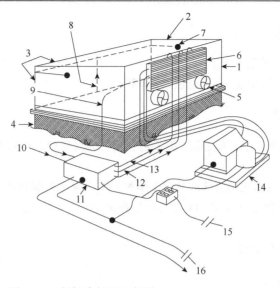

图 5-1-1　封闭式气室示意图（Oechel et al.，1992）

1. 有机玻璃体；2. 同化箱活动顶盖；3. 铝合金框架；4. 不锈钢底座；5. 风机；6. 热交换器；
7. 加热器；8. 加湿器；9. 取样管；10. $CO_2$ 气源；11. $CO_2$ 控制器；12. $CO_2$ 进气管；
13. 空气进气管；14. 制冷机；15. 电源；16. 接控制器

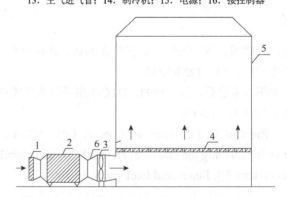

图 5-1-2　开顶式气室示意图（王春乙等，1993）

1. 砂网过滤器；2. 碳过滤器；3. 轴流通风机；4. 带孔栅板；5. $CO_2$ 气室；6. $CO_2$ 注入孔

图 5-1-3　开放式装置示意图（刘钢等，2002）

　　本实验设置不同 $CO_2$ 浓度增加系统装置，了解不同 $CO_2$ 浓度增加装置的控制方法及区别。

## 三、实验用品

**1. 材料**　　水稻植株。

**2. 仪器**　　开顶式气室、开放式装置等。

## 四、实验步骤

（1）田间开放式 $CO_2$ 浓度增加系统装置、开顶式气室 $CO_2$ 浓度增加系统装置的安装与调试。

（2）将拔节后的水稻植株样品置于两种 $CO_2$ 升高系统装置和大田中测试 3 d，并采用数据采集器自动采集 $CO_2$ 浓度，数据采集频率为每 10 s 一次，每 30 min 存储一次平均值。

（3）处理分析数据。

## 五、实验作业

1. 通过比较两种 $CO_2$ 浓度增加系统，可以得出什么结论？

2. 试说明 $CO_2$ 浓度增加装置有什么需要改进的地方。

## 六、参考文献

刘钢，韩勇，朱建国，等. 2002. 稻麦轮作 FACE 系统平台 I. 系统结构与控制[J]. 应用生态学报，13：1253-1258.

王春乙，高素华，潘亚茹，等. 1993. OTC-1 型开顶式气室的结构和数据采集系统[J]. 气象，19（4）：15-19.

Oechel W C, Riechers G, Lawrence W T, et al. 1992. 'CO$_2$LT' an automated, null-balance system for studying the effects of elevated $CO_2$ and global climate change on unmanaged ecosystems [J]. Functional Ecology, 6: 86-100.

# 实验二　　$CO_2$ 浓度增加对作物生长的影响

## 一、实验目的

1. 了解开放式 $CO_2$ 浓度增加装置的控制方法。

2. 掌握 $CO_2$ 浓度增加对作物生长的影响。

## 二、实验原理

与其他全球变化因子（如气温升高、土壤湿度下降及近地层臭氧浓度上升等）

不同，大气 $CO_2$ 浓度升高的独特性在于：①其迅速上升的趋势不可逆转；②具有全球均一性（时空变异小）；③对作物生长具有肥料效应。因此，作物对高浓度 $CO_2$ 的响应被认为是评估全球变化对未来粮食安全的潜在影响以及制定适应策略不确定性的主要依据。明确 $CO_2$ 浓度增加对作物生长的影响是客观评价气候变化对作物生产影响的重要组成部分，对正确认识粮食供给能力具有重要意义。本实验以水稻植株为材料，通过对 $CO_2$ 浓度的处理，对水稻生长过程进行观测，了解 $CO_2$ 浓度增加对作物生长的影响。

## 三、实验用品

**1. 材料**　　水稻植株。

**2. 仪器与用具**　　直尺、烘箱、叶面积仪（LAI-2000）、电子天平等。

## 四、实验步骤

**1. 材料准备**　　水稻育苗后，分别移栽至 FACE 系统平台（$CO_2$ 浓度控制在 580 μmol/mol）和大田中盆栽生长，选取长势一致的植株各 3 盆备用。

**2. 形态指标的观测**　　每隔 20 d 进行破坏性取样，测定株高、叶面积、器官干重。其中，株高用直尺测量，叶面积采用叶面积仪（LAI-2000）测定，将植株分成叶片、茎、根、穗几部分，于烘箱中 105℃ 杀青 15 min，75℃ 烘干至恒重，用电子天平称取器官干重。

**3. 作物生长分析**

（1）相对生长速率，即单位时间单位重量植株的增加量（relative growth rate，RGR 或 $R$），以整个植株或器官为研究对象，或者单位时间内的增加量占原有数量的比值表示，单位是 g/（g·d），也称"生长速度比值"。

生物生长是呈几何级数或指数函数的形式增加的。一段时间内的相对生长速率为

$$R = \frac{1}{W} \times \frac{dW}{dt}$$

式中，$W$ 表示某个阶段的植株重量；$t$ 表示时间；$dW/dt$ 表示某个阶段的生长速率。

假如 $R$ 恒定，对上式积分得：

$$W_2 = W_1 e^{R(t_2 - t_1)}$$

式中，$W_1$、$W_2$ 分别为时间 $t_1$ 和 $t_2$ 时的重量；$R$ 为相对生长速率。由上述方程可以推算出一段时间内 $R$ 的平均值：

$$R = \frac{\ln W_2 - \ln W_1}{t_2 - t_1}$$

（2）净同化率（net assimilation rate，NAR），也叫光合生产率，植株的干物

质积累主要通过叶片的光合作用而产生，定义为：单位时间内，单位叶面积生产的干物质量，以 g/（m$^2$·d）表示。比光合速率低，已去掉呼吸消耗。

$$NAR = \frac{\ln L_2 - \ln L_1}{L_2 - L_1} \times \frac{W_2 - W_1}{t_2 - t_1}$$

式中，$L_1$、$L_2$ 分别为时间 $t_1$ 和 $t_2$ 时的叶面积。

（3）叶面积比率（leaf area rate，LAR），叶面积与植株干重之比，即总叶面积和整个植物干重之比。

$$LAR = \frac{L}{W} = \frac{\ln W_2 - \ln W_1}{W_2 - W_1} \times \frac{L_2 - L_1}{\ln L_2 - \ln L_1}$$

（4）比叶面积（specific leaf area，SLA），也称叶面积干重比，为叶面积与叶干重之比，是叶片相对厚度的一种衡量。

$$SLA = \frac{L}{W_L}$$

式中，$L$ 为叶面积，$W_L$ 为叶的干重。

（5）作物生长率（crop growth rate，CGR），又叫群体生长率，它表示在单位时间单位土地面积上增加的干物质重量，单位是 kg/（hm$^2$·d）。

$$F = \frac{L}{P}，即 \frac{1}{P} = \frac{F}{L}$$

$$CGR = \frac{1}{P} \times \frac{dW}{dt} = \frac{1}{L} \times \frac{dW}{dt} \times F = NAR \times LAI$$

式中，$P$ 表示土地面积；$L$ 是总叶面积；$F$ 为单位土地面积上的叶面积，即 LAI。

（6）干物质分配率，干物质分配率以叶（$L_W$）、茎（$S_W$）、根（$R_W$）、穗（$F_W$）等各器官的干重占植株总增重的比例来衡量。

**4. 产量和产量构成因素测定**　　水稻成熟后，测定植株干物质重量并进行考种，调查单位面积穗数、每穗粒数、结实率、千粒重。单位面积穗数和每穗实粒数计算公式如下：

单位面积穗数＝取样测定穗数×种植密度/取样穴数

每穗实粒数＝每穗粒数×结实率

**5. 注意事项**

（1）茎和根不能扔掉，要利用其计算单株总干重。

（2）称了几株要有记录，最后求出单株的叶面积和重量。

（3）烘样时，信封口要封好，并标注样品名称、日期。

# 五、实验作业

1. 记录 FACE 系统 CO$_2$ 浓度增加和大田正常 CO$_2$ 浓度生长条件下的形态指

标，并进行作物生长分析计算，试分析其异同。

2. 记录 FACE 系统 $CO_2$ 浓度增加和大田正常 $CO_2$ 浓度生长条件下的产量和产量构成因素，比较有何差异并分析原因。

## 六、参考文献

杨连新，王云霞，朱建国，等. 2009. 十年水稻 FACE 研究的产量响应[J]. 生态学报，29：1487-1497.

杨连新，王云霞，朱建国，等. 2010. 开放式空气中 $CO_2$ 浓度增高（FACE）对水稻生长和发育的影响[J]. 生态学报，30：1573-1585.

# 实验三　稻田温室气体排放测定

## 一、实验目的

1. 了解稻田温室气体排放原理。
2. 掌握稻田温室气体的收集与测定方法。

## 二、实验原理

甲烷（$CH_4$）和氧化亚氮（$N_2O$）分别是继二氧化碳（$CO_2$）之后的第二和第三大温室气体，对气候变暖的贡献分别为20%和5%左右。稻田是 $CH_4$ 和 $N_2O$ 的主要排放源之一。稻田 $CH_4$ 排放量是人为甲烷排放量的11%左右，我国稻田 $CH_4$ 排放量占全球稻田 $CH_4$ 排放量的30%左右。我国稻田 $N_2O$ 排放量占农田 $N_2O$ 排放量的 8%～11%。由于稻田 $CH_4$ 排放量大，单位水稻产量的温室气体排放量远远高于小麦和玉米的。稻田 $CH_4$ 是由 $CH_4$ 产生菌在厌氧环境下产生的，而 $N_2O$ 主要是由土壤硝化和反硝化作用产生的。

稻田 $CH_4$ 与 $N_2O$ 的排放量一般采用静态箱-气相色谱法测定，其原理是通过监测静态箱内单位时间 $CH_4$ 与 $N_2O$ 的浓度变化来计算 $CH_4$ 与 $N_2O$ 的排放通量。

## 三、实验用品

采样箱、温度计、三通阀、针筒、40 ml 真空玻璃瓶、小型风扇、气相色谱仪等。

## 四、实验步骤

（1）静态箱设置。采样箱采用 PVC 或有机玻璃制成，由底座、顶箱和增高箱组成。底座大小一般为 50 cm×50 cm×20 cm（长、宽、高），于试验开始前 3 d 插入田间小区，入土深 10 cm，底座上部带有 5 cm 深的水槽。顶箱规格为 50 cm×50 cm×50 cm，顶部封口，箱内顶部设有小型风扇，以混匀箱内气体，并留有一孔用于安置温度计观测箱内温度，顶箱侧面中部设置取样孔，用于采集箱内气体。取气管一端通过取样孔深入箱内 10 cm 左右，另一端与三通阀相连。增高箱规格同顶箱，两端开口，上部带有 5 cm 深的水槽，看水稻株高使用。PVC 采样箱外围一般包裹海绵和铝箔，以防太阳照射导致箱内温度变化过快影响气体采集。

（2）气体采集。水稻自移栽后第 3 d 起每 7 d 取气 1 次，施肥后可加测 1 或 2 次。气体采集时间一般为上午 9:00～11:00。采集气样前，底座和增高箱的水槽加水密封，防止顶箱或增高箱和底座接触时发生漏气。罩箱后每隔 5～10 min 用注射器抽取箱内气体样品，并利用三通阀将气体转移至 40 ml 真空玻璃瓶中。

（3）气体测定。气样采集完毕后立即送回实验室用气相色谱仪测定 $CH_4$ 和 $N_2O$ 浓度。利用 FID 检测分析 $CH_4$ 浓度，ECD 检测分析 $N_2O$。$CH_4$ 的载气为氮气，$N_2O$ 的载气为氩气和 $CH_4$ 组成的混合气体。

（4）排放量计算。温室气体排放通量 $[F$, mg $(m^2 \cdot h)]$ 为

$$F = \frac{\Delta C}{\Delta T} \times \frac{V}{A}$$

式中，$\Delta C/\Delta T$ 为单位时间静态箱内温室气体浓度变化 $[mg/(L \cdot h)]$，利用线性回归算出，$R^2 > 0.9$ 才可用；$V$ 是静态箱的体积（L）；$A$ 是静态箱的底面积（$m^2$）。

季节排放量（$AE$）的计算公式为

$$AE = \sum F_i \times D_i$$

式中，$F_i$ 为第 $i$ 次气体排放通量；$D_i$ 为第 $i-1$ 次和第 $i+1$ 次气体测定的时间间隔天数的平均值（d）。

温室气体增温潜势（GWP）计算公式为

GWP（kg $CO_2$ eq/ $hm^2$，$CO_2$ 当量）$= 28 \times CH_4$（kg $CH_4/hm^2$）$+ 265 \times N_2O$
（kg $N_2O/hm^2$）

$CO_2$ eg（$CO_2$ eguivalent）即 $CO_2$ 当量，一种用来比较不同温室气体排放的量度单位，为了统一度量整体温室效应，将人类活动产生最多的温室气体 $CO_2$ 规定为度量温室效应的基本单位。

## 五、实验作业

实际操作温室气体的采集、测定和计算。

## 六、参考文献

Stocker T F, Qin D, Plattner G K, et al. 2013. Climate Change 2013: The physical science basis. Working group I contribution to the fifth assessment report of the intergovernmental panel on climate change [R]. Cambridge, UK, and New York, USA: Cambridge University Press: pp1535.

Jiang Y, Qian H Y, Huang S, et al. 2019. Acclimation of methane emissions from rice paddy fields to straw addition [J]. Science Advances, 5(1): 9038.

# 实验四　$CO_2$浓度升高对叶片微结构的影响

## 一、实验目的

1．掌握叶片结构的观测方法。

2．了解 $CO_2$ 浓度增加对作物叶片微结构的影响。

## 二、实验原理

$CO_2$ 浓度正以前所未有的速度增加，这种变化将会对植物生态系统产生巨大的影响。植物叶片是光合作用的场所，$CO_2$ 作为光合作用的底物，植物叶片对 $CO_2$ 浓度的响应不仅反映在光合作用、呼吸作用等一系列生理活动上，同时也表现在形态和解剖结构的变化上。植物叶片在长期的自然选择过程中，不断地适应环境，形成了与其功能相适应的复杂的形态学和解剖学特征。本实验通过对不同 $CO_2$ 浓度环境下的水稻叶片电镜观察和研究，分析 $CO_2$ 浓度升高对叶片表皮细胞分布和气孔形态特征的影响。

## 三、实验用品

1．**材料**　　水稻植株。

2．**仪器与用具**　　数码成像（OLYMPUS TEM Imaging Platform）系统软件、S-3400N 型（HITACHI）扫描电镜、ES-2030 型（HITACHI）冷冻干燥仪、E-1010 型（HITACHI）离子溅射镀膜仪、IBM SPSS Statistics 19 软件、Office 软件等。

3．**试剂**　　戊二醛、缓冲液、乙醇、叔丁醇等。

## 四、实验步骤

（1）材料准备。水稻分别于大田及 FACE 系统平台上生长，并于第 4 片叶完全展开时取样电镜观察。

（2）扫描电镜制样。在第 4 片叶中部中脉附近，取厚度约 1.5 mm 切片，经戊二醛固定、缓冲液冲洗、乙醇系列脱水、叔丁醇置换、ES-2030 型（HITACHI）冷冻干燥仪干燥、粘样、E-1010 型（HITACHI）离子溅射镀膜仪镀金膜后，置于 S-3400N 型（HITACHI）扫描电镜下观察。

（3）扫描电镜观察。利用数码成像（OLYMPUS TEM Imaging Platform）系统软件观察和测量叶片表面细胞的形态特征。每个处理各制 3 个临时装片，于 300 倍、500 倍、1000 倍电镜下拍照观测叶片表面。每个处理选择 1000 倍视野下清晰的细胞，测定计算图片上的细胞分布和气孔细胞形态特征（长、宽、面积、周长），细胞长度为叶的纵长轴方向细胞最大值，细胞宽度为叶的纵长轴垂直方向细胞最大值。所有测量数据通过使用 OLYMPUS TEM Imaging Platform 系统软件自动生成，保证数据的准确性。气孔密度选择在 300 倍电镜下、20 幅照片，记录单位面积气孔数量和细胞数量。

（4）数据处理。数据利用 Office 软件进行数据整理，采用 IBM SPSS Statistics 19 软件对数据进行分析作图和差异性比较。气孔指数计算公式为

$$气孔指数＝\frac{气孔个数}{气孔个数＋表皮细胞个数}$$

## 五、实验作业

比较 $CO_2$ 浓度增加条件下叶片气孔分布及形态特征的变化情况，并分析其原因。

## 六、参考文献

卞景阳，张文忠，张佳华，等．2013．$CO_2$ 浓度增高对水稻叶片微观结构的影响[J]．沈阳农业大学学报，44：733-737.

徐文铎，齐淑艳，何兴元，等．2008．大气中 $CO_2$、$O_3$ 浓度升高对银杏成年叶片气孔数量特征的影响[J]．生态学杂志，7：1059-1063.

郑淑霞，常朝阳，上官周平．2004．辽东栎叶片气孔特征参数的时空变异[J]．应用与环境生物学报，10（4）：412-415.

# 实验五　$CO_2$ 浓度升高对水稻根系形态的影响

## 一、实验目的

1. 掌握根系形态结构的观测方法。

2. 了解 $CO_2$ 浓度增加对作物根系形态结构的影响。

## 二、实验原理

大气 $CO_2$ 浓度升高对农作物的影响已受到科学家的广泛关注，根系作为植株吸收养分和水分的平台以及植物对 $CO_2$ 浓度升高响应的调节器，其研究的重要性越来越受到人们的重视。植物根系对 $CO_2$ 浓度升高的响应，主要包括土壤表层根体积、根长、主根直径、侧根长和侧根数。开展高 $CO_2$ 浓度下水稻根系形态的研究，可为根系调控和高产栽培提供理论依据。

## 三、实验用品

**1. 材料**　　水稻植株。

**2. 仪器与用具**　　扫描仪（LA 1600＋）、根系图像分析软件（WinRHIZO）、烘箱等。

**3. 试剂**　　中性红染色液等。

## 四、实验步骤

（1）材料准备。水稻育苗后，分别移栽至 FACE 系统平台（$CO_2$ 浓度控制在 580 µmol/mol）和大田中水培生长，选取长势一致的植株各 3 盆备用。

（2）根系扫描。分别在水稻的分蘖期（移栽后 38 d）、拔节期（移栽后 64 d）、抽穗期（移栽后 84 d）采样。采样当天取得水稻植株根样，用蒸馏水小心冲洗稻苗根部，再剪去稻苗地上部，将根系放在质量分数为 0.16% 的中性红染色液中浸泡 30 min 进行染色。用扫描仪（LA 1600＋）对制好的根系样品进行扫描，每个处理扫描 4 株，分 2 次扫描，求其平均值。

用根系图像分析软件（WinRHIZO）进行定量分析：$L$ 为总根长（cm）；SA 为根系总表面积（$cm^2$）；$V$ 为根系总体积（$cm^3$）；AD 为平均根粗（mm）；Ntips 为总根尖数。

（3）干重测定。扫描后的水稻将根剪下，分成根和地上部分，在 105℃ 杀青 30 min 后，75℃ 烘干至恒重后称重。

## 五、实验作业

1. 比较 $CO_2$ 浓度增加条件下根系形态特征的变化情况，并分析其原因。

2. 比较 $CO_2$ 浓度升高对根系干重及根冠比的影响。

## 六、参考文献

陈改苹，朱建国，谢祖彬，等. 2005. 开放式空气 $CO_2$ 浓度升高对水稻根系形态的影响[J]. 生态环境, 14: 503-507.

王义琴, 张慧娟, 杨奠安, 等. 1998. 大气 $CO_2$ 浓度倍增对植物幼苗根系生长影响的分形分析[J]. 科学通报, 43: 1736-1738.

# 实验六　利用 LI-8100A 土壤呼吸仪测定土壤呼吸

## 一、实验目的

1. 了解土壤呼吸的概念和测定仪器的原理。
2. 掌握 LI-8100A 土壤呼吸仪的使用方法, 并熟练应用于土壤呼吸的测定。

## 二、实验原理

（1）土壤呼吸是指没有经过干扰的土壤中, 产生 $CO_2$ 气体的所有的代谢活动, 包括植物根系呼吸、土壤微生物和土壤动物的异养呼吸。

（2）仪器结构: 密闭气室法（LI-8100A 土壤呼吸仪的应用）是目前国际上广泛使用的标准方法。LI-8100A 土壤呼吸仪主要由气室和主机两部分组成, 其中两者之间通过电缆、进气管道、排气管道相连接。主机内部装置有感应空气中 $CO_2$ 含量的红外线气体分析仪设备原件, 将红外线气体分析仪设备原件测定的 $CO_2$ 含量, 每秒中输出一个数值。主机通过蓄电池供电, 内有无线网卡, 平板电脑通过无线网来控制主机的测定操作过程。

（3）操作方法: 首先提前 24 h, 在田间测定地点, 利用锤子与木板埋置与呼吸仪气室配套的管状土壤环, 使管口高于地表 2 cm。其次将与 LI-8100A 土壤呼吸仪主机连接好的气室安装在事先埋置于土壤中的土壤环上, 设置测定参数, 进行测定即可。一般在田间进行短时间的测定, 即在同一样点进行 3 次测定, 每次测定 1 min, 测定时间为上午 9:00～11:00。

（4）计算原理: 根据气室内每秒测定的 $CO_2$ 含量（ppm, $1ppm=10^{-6}$）, 将 60 组数据进行回归分析, 根据回归分析得到的拟合方程（图 5-6-1）。土壤呼吸速率的计算公式为

$$S_R = C \times (V_1 + S \times H) \times P / (S \times R \times T)$$

式中, $S_R$ 为土壤呼吸速率 $[\mu mol (m^2 \cdot s)]$; $C$ 为 $CO_2$ 含量变化速率（ppm/s）; $V_1$ 为气室体积（$m^3$）; $S$ 为土环底表面积（$m^2$）; $H$ 为土环顶部距离地表的高度（m）; $P$ 为大气压强（Pa）; $R$ 为普适气体常数 8.314 $[Pa \cdot m^3 / (mol \cdot K)]$; $T$ 为空气热力学温度（K）, $T=273.15+t$, $t$ 为气温（℃）。计算公式中利用了理想气体状态方程: $PV=nRT$ [$n$ 为气体的物质的量（mol）]。

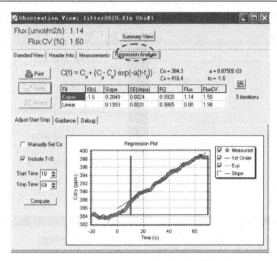

图 5-6-1 LI-8100A 土壤呼吸仪分析界面

## 三、实验用品

**1. 材料** 种植农作物的农田。

**2. 仪器与用具** LI-8100A 土壤呼吸仪、锤子、木板与土壤环等。

## 四、实验步骤

（1）提前 24 h，在田间测定地点，利用锤子与木板埋置与呼吸仪气室配套的管状土壤环（图 5-6-2），使管口高于地表 2 cm。

（2）将与 LI-8100A 主机连接好的气室安装在事先埋置于土壤中的土壤环上（图 5-6-3）。

图 5-6-2 实验地点选择及土环预埋　　图 5-6-3 气室连接（分别连接土环与分析仪）

（3）在控制主机的平板电脑上设置测定参数，包括土壤环内部的地表面积、测定气室体积（根据土壤环顶部距离地面高度而定）、测定次数、测定时间长度等（图 5-6-4）。

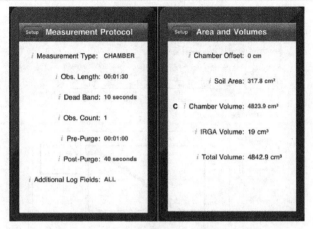

图 5-6-4　土壤呼吸仪操作参数控制界面

（4）在以上三个步骤完成后，在控制平板电脑上点击开始测定即可，仪器系统会根据设定的相关参数，自动计算土壤呼吸速率。测定结束后将数据文件拷贝到电脑上，利用相关的软件打开数据文件，即可看到测定的土壤呼吸速率值（图 5-6-5）。

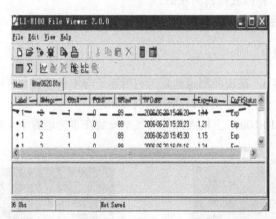

图 5-6-5　测定结果数据分析界面

## 五、实验作业

1. 试分析影响田块土壤呼吸速率的生态因子有哪些，分别都有哪些影响。

2. 你还见过哪些土壤呼吸速率的测定方法？试比较它们与该方法的优缺点。

## 六、参考文献

LI-8100A 土壤呼吸仪的操作手册（北京力高泰科科技有限公司）。

# 第六章　作物激素分析实验

## 实验一　作物伤流强度测定方法

### 一、实验目的

1. 学习根系伤流的生理功能，掌握农作物伤流收集方法。
2. 了解作物根系伤流系统对农作物生长发育的影响。

### 二、实验原理

　　植物的根系是产生植物激素的"源"，同时也是接受地上部产生并转运来的内源激素的"库"，因此根系可以通过调控其输出或输入激素的水平来影响地上部激素的含量，木质部伤流液作为地上部和地下部信号传递的重要媒介，在协调地上部茎叶和地下部根系的发育过程中发挥重要作用。木质部汁液中发现有细胞分裂素（CK）、生长素（IAA）、脱落酸（ABA）、赤霉素（GA）以及乙烯的前体ACC存在，其中CK主要由根系产生经由木质部伤流运输到与叶片衰老、结实及地上部生长等关系密切的伤流液中，而IAA主要是由地上部合成向基运输至根系后又返回到蒸腾流中。

　　根系伤流收集方法主要有2种：根压自然收集法和加压收集法。根压自然收集法是切去植物地上部分，收集靠植物根压溢出的根系伤流液的方法。这种方法又分为吸收法和直接收集法两种。吸收法是用脱脂棉、滤纸等吸收伤流液，吸收完毕后用注射器压出或者通过抽滤将伤流液收集到容器中；直接收集法是将主茎切断后，直接将其插入容器口，或者在茎上连接一段胶管，将胶管放到容器中收集，也可用注射器吸取伤流液的方法。直接收集法收集的是缺少地上部蒸腾拉力条件下的伤流液，由于流速减小，伤流液浓度明显增加。

　　加压收集法是将割去地上部的完整根系放入压力室中，切面突出压力室外，逐步提高压力室内的静水压直到切面上呈现液滴即可收集的方法，采用这种方法能够很容易收集到各种植物在任何条件下的根系伤流液，但现在应用并不多。

　　采用何种方法收集伤流液，应根据研究目的和需求量来确定。如果是应用于理论研究方面，或者需要的量较小时可采用加压法；如果应用于生产方面，且需要量较大时可使用自然根压法。

## 三、实验用品

**1. 材料**　水稻（小麦、玉米）开花期植株样品。

**2. 仪器与用具**　剪刀、天平、镰刀、脱脂棉、自封袋（40 mm×60 mm）、橡皮筋等。

## 四、实验步骤

**1. 伤流收集**

（1）用剪刀将脱脂棉剪成方块状，称取脱脂棉重量 $M_1$（5.0 g 左右）。

（2）用镰刀从水稻茎基部 8 cm 处整齐切割稻茬，将提前称取的脱脂棉完全覆盖在稻茬上，套上自封袋并用橡皮筋固定，使脱脂棉充分接触稻茬。

（3）收集一段时间 $T$（2～10 h）后，取下脱脂棉，称取收集伤流后的脱脂棉重量 $M_2$。

**2. 伤流速率计算**　伤流收集前、后脱脂棉重量差即为伤流量，伤流速率（g/h）表示为单位时间内每株渗出的伤流量：

$$伤流速率（V, \text{g}/\text{h}）=\frac{M_2-M_1}{T}$$

**3. 注意事项**

（1）水稻切割后，稻茬可先用皮筋捆绑，一方面方便给稻茬套置脱脂棉，另一方面有助于脱脂棉与稻茬接触充分，伤流收集更准确。

（2）植株生长前一周内最好不要缺水或干旱处理，否则自然收集法很难收集到足量的伤流液。

## 五、实验作业

查阅有关资料，进行试验设计和实施，以小麦、玉米、水稻或其他作物为试验材料，选择合适的伤流测定方法，于抽穗期、开花期到田间实地收集伤流，计算伤流速率。

## 六、参考文献

时向东，刘艳芳，文志强，等. 2006. 植物根系伤流研究进展[J]. 安徽农业科学，34：2043-2045.

Wu C, Cui K, Wang W, et al. 2017. Heat-induced cytokinin transportation and degradation are associated with reduced panicle cytokinin expression and fewer spikelets per panicle in rice[J]. Front Plant Sci, 8: 371.

# 实验二　高效液相色谱法测定内源植物激素

## 一、实验目的

1. 掌握内源植物激素提取、纯化与利用高效液相色谱法定量分析内源植物激素的方法。

2. 了解内源植物激素的生理功能及其对农作物生长发育的影响。

## 二、实验原理

植物激素是一类植物自身合成的痕量化合物，其主要功能是参与调控植物的整个生长过程，包括种子休眠、萌发、营养、生长、生殖、成熟到衰老以及一些对外界的应激反应等，对植物的每一个生命过程都起着重要作用。通过调控植物激素的代谢可显著改良作物株型，提高作物的产量或品质。准确检测植物激素在植物内的浓度变化以及组织特异性分布，是了解其代谢途径和运输过程的重要前提，这就要求发展准确高效的定性定量分析方法。

植物激素主要包括生长素、赤霉素、细胞分裂素、脱落酸、茉莉酸、水杨酸和油菜素甾醇等。激素检测主要有三个难点：一是有些重要激素的含量极低，通常都在 ng/g 甚至 pg/g 的数量级；二是植物激素一般不稳定、易分解，对温度和介质环境比较敏感；三是植物样品基质十分复杂，直接检测会受到大量基质干扰物的影响，因此对样品处理方法的选择性和除杂能力有很高的要求。

测定内源植物激素的方法通常有 4 种：高效液相色谱法、酶联免疫吸附测定法、气相色谱法和液相色谱-质谱法。高效液相色谱（HPLC）法是一种较常用的植物激素测定方法，植物激素溶于甲醇/异丙醇等有机试剂，对提取后的激素粗液通过液相萃取和固相萃取相结合的手段进行纯化除杂，纯化后的样品通过流动相进行分离。不同种类的植物激素极性不同，在色谱柱中的移动速率不同，因此各激素组分的出峰时间也不同。通过 UV 检测器检测出峰，根据激素出峰时间和峰面积，参照单个植物激素标准品出峰时间和标准曲线可以计算样品中的植物激素含量。

## 三、实验用品

1. **材料**　　水稻幼穗或者籽粒、根系。

2. **仪器与用具**　　研钵、移液枪、液相色谱仪、冷冻干燥机、Sep-Pak C18 柱、Nylon 有机滤头（0.45 μm）、1 ml 注射器等。

3. **试剂**　　待检测植物激素标准品［反式-9-β-葡糖基玉米素（tZ9G）、反式玉米素（tZ）、反式玉米素核苷（tZR）、异戊烯基腺嘌呤（iP）、异戊烯基腺嘌呤核苷（iPA）、9-β-葡糖基-N$_6$-（异戊二烯基）腺嘌呤（iP9G）、脱落酸（ABA）、生长素（IAA）]、甲醇、正丁醇、乙酸乙酯、甲酸、乙酸、乙酸钠、ddH₂O 等。植物激素标准品和有机溶剂都是色谱级。

## 四、实验步骤

### 1. 激素提取与纯化

（1）测定时取伤流液 8 ml，幼穗和根鲜样分别称取 1.0 g 盛于研钵中。样品鲜样用液氮磨碎后，于 4℃条件下再用 8 ml 75%甲醇（含 20%超纯水，5%甲酸）研磨至匀浆。

（2）在 4℃条件下浸泡提取 12 h，离心后收集上清液，再加 8 ml 75%甲醇提取两次，离心后收集合并上清液，收集合并的上清液通过冷冻干燥机（ALPHA 1-4 LD plus）完全冻干。

（3）用 3 ml（pH＝8.0）75%甲醇-乙酸-乙酸钠溶液复溶，3 ml 石油醚萃取三次，弃上清液，再用 3 ml 正丁醇萃取细胞分裂素，重复萃取 3 次。

（4）将提取液调至 pH＝3.0 后，用等体积乙酸乙酯萃取赤霉素、脱落酸和生长素，重复萃取 3 次。

（5）将上述萃取液合并浓缩并用冷冻干燥机完全冻干，加入 5 ml 甲醇提取液复溶，通过 Sep-Pak C18 柱除杂，收集洗脱液并用冷冻干燥机完全冻干。

### 2. 样品上机与测定

纯化后的激素样品用 0.8 ml 甲醇（80%）溶解、0.45 μm 有机相滤头过滤后，进样高效液相色谱仪测定。利用梯度洗脱分离各激素组分，液相色谱流动相及梯度洗脱程序见表 6-2-1。流速为 1.6 ml/min，柱温为 45℃。

表 6-2-1　液相色谱洗脱程序

| 运行时间（min） | 甲醇（%） | 超纯水（%） | 4.5%乙酸（%） |
| --- | --- | --- | --- |
| 0 | 0 | 100 | 0 |
| 34 | 35 | 0 | 65 |
| 35 | 0 | 100 | 0 |
| 45 | 0 | 100 | 0 |

将激素标准品 tZ9G、iP9G、tZ、tZR、iP、iPA、ABA 和 IAA 溶于纯甲醇并配制系列浓度分别为 5.7 ng/ml、8.5 ng/ml、11.4 ng/ml、45.6 ng/ml、91.1 ng/ml 和 182.3 ng/ml 的溶液对高效液相色谱上样测定并绘制标准曲线。

计算回收率时，另取 1 g 鲜样研磨并加入 150 ng 激素标准品，其他提取和测定过程与样品操作一致，重复 4 次。

### 3. 注意事项

（1）提取液萃取遵循少量多次的原则，一般为溶液：萃取剂＝1∶5～1∶3，本实验均以 1∶1 萃取 3 次。

（2）正丁醇加水至饱和，吸湿能力下降。萃取时不会将水中化合物一并吸附，分层效果也很好,不容易产生乳化。水饱和的正丁醇溶液是溶解了很多水的正丁醇溶液,由于物质之间极性的作用,能溶解大量的非极性物质,即增加了正丁醇的溶解度,适用于深度萃取。

水饱和正丁醇溶液的制法:将正丁醇和蒸馏水混合,振摇,混匀,放置过夜(可利用超声,这样不必过夜)。得到的混合液分层,上层为水饱和的正丁醇溶液,下层为正丁醇的饱和水溶液。水饱和正丁醇是为了防止在萃取过程中产生乳化现象。

## 五、实验作业

查阅有关资料,进行试验设计和实施,以小麦、玉米、水稻或其他作物鲜嫩植物组织为试验材料,提取、纯化并测定内源植物激素,计算植物组织内激素浓度。

## 六、参考文献

卢颖林,董彩霞,董园园,等. 2007. 高压液相色谱法同时测定植物组织中六种细胞分裂素组分和生长素[J]. 植物营养与肥料学报,13:129.

吴倩,王璐,吴大朋,等. 2014. 植物激素样品前处理方法的研究进展[J]. 色谱,32:319-329.

Wu C, Cui K, Wang W, et al. 2016. Heat-induced phytohormone changes are associated with disrupted early reproductive development and reduced yield in rice[J]. Sci Rep-Uk, 6: 34978.

# 实验三　液相色谱-质谱法测定内源植物激素

## 一、实验目的

掌握内源植物激素提取、纯化与利用液相色谱-质谱连用系统定量分析内源植物激素的方法。

## 二、实验原理

液相色谱-质谱法是在液相色谱基础上连接质谱检测器测定植物激素的方法,因此其前期处理和纯化步骤与高效液相色谱法基本一致。但液相色谱-质谱法因为灵敏度高,调 pH 除杂这两步可以省略。液相色谱法利用 UV 检测器检测激素组分,由于 UV 检测器选择性差,分析复杂植物样品时容易受干扰,使用时要求样品处理能达到较高的纯度才能得到可靠的结果。设置最终流量、去溶剂化温度、去溶剂化气体和电压等最佳条件的离子化参数,通过电喷雾离子化,各激素组分以离子峰的形式被检测。

## 三、实验用品

**1. 材料**　　水稻幼穗或者籽粒、根系。

**2. 仪器与用具**　　移液枪、液相色谱仪、质谱仪、冷冻干燥机、300SB-C18 反相色谱柱、Nylon 有机滤头（0.22 μm）等。

**3. 试剂**　　待检测植物激素标准品［IAA、GA$_3$、茉莉酸（JA）、ABA 和水杨酸（SA）］、甲醇、甲酸等。植物激素标准品和有机溶剂都是色谱级。

## 四、实验步骤

**1. 激素提取与纯化**

同第六章实验一步骤 1. 中（1）（2）（3）。

**2. 样品上机与测定**

（1）标准溶液配制：以甲醇（0.1%甲酸）为溶剂配制梯度为 1 ng/ml、5 ng/ml、50 ng/ml、100 ng/ml、200 ng/ml 的 IAA、GA$_3$、JA、ABA 和 SA 标准溶液。

（2）液相条件。色谱柱，300SB-C18 反相色谱柱（4.6 mm×150 mm，3 μm）。柱温，30℃。流动相，$A:B=$（甲醇/0.1%甲酸）：（水/0.1%甲酸）。洗脱梯度，$0\sim2$ min，$A=20\%$；$2\sim14$ min，$A$ 递增至 80%；$14\sim15$ min，$A=80\%$；15.1 min，$A$ 递减至 20%；$15.1\sim20$ min，$A=20\%$。进样体积，2 μm。

**3. 注意事项**

（1）磨样时保证低温，需要在弱光条件下进行。

（2）激素标准品须保证色谱级纯度和有效期，避免试剂分解。

（3）高效液相色谱法用 0.45 μm 滤头，液相色谱-质谱法用 0.22 μm 滤头。

## 五、实验作业

思考液相色谱-质谱法与高效液相色谱法的差异。查阅有关资料，进行试验设计和实施，以小麦、玉米、水稻或其他作物鲜嫩植物组织为试验材料，选择合适的方法提取、纯化并测定内源植物激素，计算植物组织内激素浓度。

## 六、参考文献

曹赵云，马有宁，牟仁祥，等. 2015. 固相萃取-液相色谱-串联质谱法测定水稻中 17 种细胞分裂素[J]. 色谱，（7）：715-721.

You C, Zhu H, Xu B, et al. 2016. Effect of removing superior spikelets on grain filling of inferior spikelets in rice[J]. Front Plant Sci, 7: 1161.

# 实验四 酶联免疫吸附测定法测定内源植物激素

## 一、实验目的

1. 掌握酶联免疫吸附测定法测定内源植物激素的基本原理。
2. 学习酶联免疫吸附测定法测定内源植物激素的方法。

## 二、实验原理

免疫测定是利用抗原、抗体特异性反应而建立的，根据可视化方法的不同可分为：酶联免疫吸附测定法、放射免疫测定法、荧光免疫测定法、化学发光免疫测定法、生物发光免疫测定法、浊度免疫测定法等。酶联免疫吸附测定法（enzyme-linked immunosorbent assay，ELISA）由于具有灵敏性、特异性高，且方便、快速、安全、成本低廉的特点，而日益被广泛应用于植物激素测定。目前，几大类植物激素生长素（IAA）、脱落酸（ABA）、赤霉素（GA）和细胞分裂素（CK）等都建立了相应的酶联免疫吸附测定法并有试剂盒出售。植物激素的酶联免疫检测方法有两种形式，一种是在固相载体上包被抗体（直接法），另一种是包被抗原（间接法）。直接法利用游离抗原和酶标抗原与吸附的抗体进行竞争；间接法利用游离抗原和吸附抗原与游离抗体进行竞争。间接法的原理可用下式表示：

$$Ab + H + HP = AbH + AbHP$$

式中，Ab 为抗体的量；$H$ 为游离激素的量；HP 为吸附在板上的激素——蛋白质复合物的量。根据质量作用定律，当该反应体系中 Ab 及 HP 的量确定时，游离 $H$ 量越多，结合物 AbH 形成的量就越多，而 AbHP 形成的量就越少，即结合在板上的抗体就越少，通过酶标二抗检测结合物 AbHP 量的多少，即可确定游离 $H$ 量的多少。

## 三、实验用品

**1. 材料** 水稻幼穗或者籽粒、根系。

**2. 仪器与用具** 研钵、移液枪、冷冻离心机、Sep-Pak C18 柱台式快速离心浓缩干燥器或氮气吹干装置、分光光度计、吸水纸、恒温箱、冰箱、酶标板（40 孔或 96 孔）、可调微量液体加样器（10 μl、40 μl、200 μl、1000 μl）、带盖瓷盘（内铺湿纱布）等。

**3. 试剂**

（1）待检测植物激素标准品 ［ABA、IAA、tZR、GA₃、茉莉酸甲酯（MeJA）]、甲醇、乙醚、甲酸等。植物激素标准品与有机溶剂都是色谱级。

（2）磷酸盐缓冲液（PBS）：称取 8.0 g NaCl、0.2 g $KH_2PO_4$、2.96 g $Na_2HPO_4$ ·

12H$_2$O，用蒸馏水定容至 1000 ml，pH 为 7.5。

（3）样品稀释液：500 ml PBS 中加 0.5 ml Tween-20、0.5 g 明胶（稍加热溶解）。

（4）底物缓冲液：称取 5.1 g 柠檬酸、18.43 g Na$_2$HPO$_4$·12H$_2$O，用蒸馏水定容至 1000 ml，再加 1 ml Tween-20，pH 为 5.0。

（5）洗涤液：1000 ml PBS 加 1 ml Tween-20。

（6）终止液：2 mol/L H$_2$SO$_4$。

（7）提取液：80%甲醇，内含 1 mmol/L BHT（2,6-二叔丁基对甲苯酚，为抗氧化剂）。配制时先用 10 ml 甲醇溶解 0.22 g BHT，然后转入 1 L 容量瓶中，加入 790 ml 甲醇混匀，用超纯水定容至 1 L。

其他还有酶标二抗和邻苯二胺。

## 四、实验步骤

### 1. 样品中激素的提取

（1）称取 0.5～1.0 g 新鲜植物材料（若取样后材料不能马上测定，则用液氮速冻半小时后，保存在－20℃的冰箱中），加 2 ml 提取液，在冰浴下研磨成匀浆，转入 10 ml 试管，再用 2 ml 提取液分次将研钵冲洗干净，一并转入试管中，摇匀后放置在 4℃冰箱中。

（2）4℃下提取 4 h，3500 r/min 离心 8 min，取上清液。沉淀中加 1 ml 提取液，搅匀，置 4℃下再提取 1 h，离心，合并上清液并记录体积，残渣弃去。上清液过 Sep-Pak C18 固相萃取柱。具体步骤是：80%甲醇（1 ml）平衡柱→上样→收集样品→移开样品后用 100%甲醇（5 ml）洗柱→100%乙醚（5 ml）洗柱→100%甲醇（5 ml）洗柱→循环 3 次。

（3）将过柱后的样品转入 5 ml 塑料离心管中，真空浓缩干燥或用氮气吹干，除去提取液中的甲醇，用样品稀释液定容（一般 1 g 鲜重用 2 ml 左右样品稀释液定容，测定不同激素时还要稀释适当的倍数再加样）。

### 2. 样品测定（以 96 孔板为例）

（1）加标准样及待测样。取适量所给标准样稀释配成：ABA 的最大浓度为 500 ng/ml，IAA、ZR 的最大浓度为 100 ng/ml，GA$_3$ 的最大浓度为 10 ng/ml，MeJA 的最大浓度为 200 ng/ml，然后分别依次 2 倍稀释 6 次（包括 0 ng/ml，如 MeJA 浓度为 200 ng/ml、50 ng/ml、12.5 ng/ml、3.125 ng/ml、0.781 ng/ml、0.195 ng/ml、0.049 ng/ml、0 ng/ml）。将系列标准样加入 96 孔酶标板的前两行，每个浓度加 2 孔，每孔 50 μl，其余孔加待测样，每个样品重复两孔，每孔 50 μl。

（2）加抗体：在 5 ml 样品稀释液中加入一定量的抗体（最适稀释倍数见试剂盒标签，如稀释倍数是 1∶2000，就要加 2.5 μl 抗体），混匀后每孔加 50 μl，然后将酶标板加入湿盒（带盖瓷盘）内开始竞争，竞争条件为 37℃下持续 0.5 h。

（3）洗板：将反应液甩干并在吸水纸上拍净。第一次加入洗涤液后要立即甩掉。然后再接着加第二次，共洗涤 4 次。

（4）加二抗：将适量的酶标二抗加入 10 ml 样品稀释液中（如稀释倍数是 1：1000，就加 10 μl 二抗），混匀后，在酶标板每孔加 100 μl，然后将其放入湿盒内，置 37℃下，温育 0.5 h。

（5）洗板：方法同竞争之后的洗板。

（6）加底物显色：称取 10～20 mg 邻苯二胺（OPD）溶于 10 ml 底物缓冲液中（小心勿用手接触 OPD），完全溶解后加 4 μl $H_2O_2$（30%）混匀，在每孔中加 100 μl，然后放入湿盒内，当显色适当后（肉眼能看出标准曲线有颜色梯度，且 100 ng/ml 孔颜色还较浅），每孔加入 50 μl 硫酸（2 mol/L）终止反应。

（7）比色：在分光光度计上依次测定标准物各浓度和各样品 490 nm 处的 OD。

（8）结果计算：用于 ELISA 结果计算最方便的是 Logistic 曲线。曲线的横坐标用激素标样各浓度（ng/ml）的自然对数表示，纵坐标用各浓度显色值的 Logistic 值表示。Logistic 值的计算方法如下：

$$\text{Logistic}\ (B/B_0) = \ln \frac{B}{B_0 - B}$$

式中，$B_0$ 是 0 ng/ml 孔的显色值；$B$ 是其他浓度的显色值。

待测样品可根据其显色值的 Logistic 值从图上查出其所含激素浓度（ng/ml）的自然对数，再经过反对数即可知其激素的浓度（ng/ml）。求得样品中激素的浓度后，再计算样品中激素的含量 $[\text{ng}/（\text{g} \cdot \text{FW})]$。

**3. 注意事项**　　加抗体竞争的湿盒保持湿度，容器内可加湿纱布或泡沫塑料。

## 五、实验作业

查阅有关资料，进行试验设计和实施，以小麦、玉米、水稻或其他作物鲜嫩植物组织为试验材料，选择合适的方法提取、纯化并测定内源植物激素，计算植物组织内激素浓度。比较酶联免疫吸附测定法与液相色谱法/液相色谱-质谱法测内源植物激素的差异及各自的准确性。

## 六、参考文献

赫冬梅，胡国公，穆琳. 2000. 烟草内源激素的酶联免疫吸附法（ELISA）测定[J]. 烟草科技，49：15-21.

Niu J X, He Z S. 2009. Dynamic changes of phytohormone content in pear calyx and young fruit during calyx growth and development[J]. Journal of Fruit Science, 26 (4): 431-434.

# 实验五 细胞分裂素氧化酶活性测定方法

## 一、实验目的

1. 掌握测定细胞分裂素氧化酶活性方法的基本原理。
2. 学习细胞分裂素氧化酶活性的测定方法。

## 二、实验原理

细胞分裂素氧化酶（CKX）可高效催化细胞分裂素生成腺嘌呤和不饱和醛，不饱和醛在酸性条件下和 4-氨基酚反应形成的席夫碱（Schiffbase）在 352 nm 处有最大光吸收。以异戊烯基腺嘌呤为反应底物（也可用其他底物如玉米素类，芳香族类细胞分裂素），2,6-二氯酚靛酚作为电子受体，产生的 3-甲基-2-丁烯醛（3-methyl-2-butenal）酸性条件下和 4-氨基酚反应形成的 Schiffbase 在 352 nm 处测吸光值，以 3-甲基-2-丁烯醛酸性条件下和 4-氨基酚反应产物制作标准曲线，CKX 活性表示为单位时间内分解异戊烯基腺嘌呤的摩尔数（图 6-5-1）。

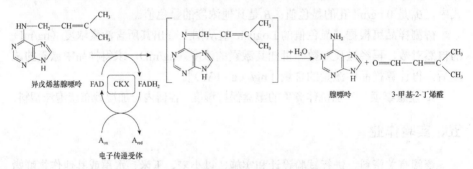

图 6-5-1 CKX 催化细胞分裂素氧化分解的原理

## 三、实验用品

1. **材料** 水稻幼穗或者籽粒、根系。
2. **仪器与用具** 研钵、冷冻离心机、移液枪、分光光度计等。
3. **试剂** 二氯酚靛酚、异戊烯基腺嘌呤、Tris-HCl、甲基磺酰氟、聚乙二醇辛基苯基醚、4-氨基酚、3-甲基-2-丁烯醛、三氯乙酸等。

## 四、实验步骤

（1）称取组织（根、幼穗）鲜重 1.5 g 于液氮中研磨，加入 6 ml Tris-HCl 缓

冲液（0.2 mol/L，含 1 mmol/L 甲基磺酰氟和 0.3%聚乙二醇辛基苯基醚，pH＝8.0）
冰浴研磨，12 000 g 下离心 10 min，上清液即为粗酶液。

（2）吸取 0.1 ml 粗酶液，依次加 0.2 ml Tris-HCl 缓冲液（75 mmol/L，pH＝
8.5）、0.2 ml 二氯酚靛酚（0.5 mmol/L）、0.2 ml 异戊烯基腺嘌呤（0.10 mmol/L），
于 37℃水浴下反应 50 min。

（3）加入 0.3 ml 三氯乙酸（体积浓度为40%）终止反应，然后在 12 000 g 下离心
5 min，上清液中加入 0.2 ml 的 4-氨基酚（6%三氯乙酸配制 2%的溶液），352 nm 下测
定吸光值，以不加底物的反应体系作为空白对照，以 3-甲基-2-丁烯醛和 4-氨基酚反应
获得的溶液制作标准曲线。细胞分裂素氧化（分解）酶活性［nmol/（mg FW·h）］表
示为单位时间内单位鲜重植物组织分解的异戊烯基腺嘌呤的物质的量。

## 五、实验作业

思考细胞分裂素氧化酶的生理功能和作用。设计和实施试验，以小麦、玉米、
水稻或其他作物鲜嫩植物组织为试验材料，测定植物组织细胞分裂素氧化酶活性。

## 六、参考文献

Ashikari M, Sakakibara H, Lin S, et al. 2005. Cytokinin oxidase regulates rice
grain production[J]. Science, 309(5735): 741-745.

Zalewski W, Galuszka P, Gasparis S, et al. 2010. Silencing of the HvCKX1 gene
decreases the cytokinin oxidase/dehydrogenase level in barley and leads to higher
plant productivity[J]. Journal of Experimental Botany, 61(6): 1839-1851.

# 实验六　细胞分裂素合成酶活性测定方法

## 一、实验目的

1. 掌握利用高效液相色谱法测细胞分裂素合成酶活性方法的基本原理。
2. 学习细胞分裂素合成酶活性的测定方法。

## 二、实验原理

异戊烯基转移酶（IPT）是细胞分裂素合成过程的关键限速酶，该酶以二甲
基丙烯基二磷酸三铵盐（DMAPP）和腺嘌呤核糖核苷酸为底物，催化生成细胞
分裂素异戊烯基腺苷-5'-一磷酸（图 6-6-1）。

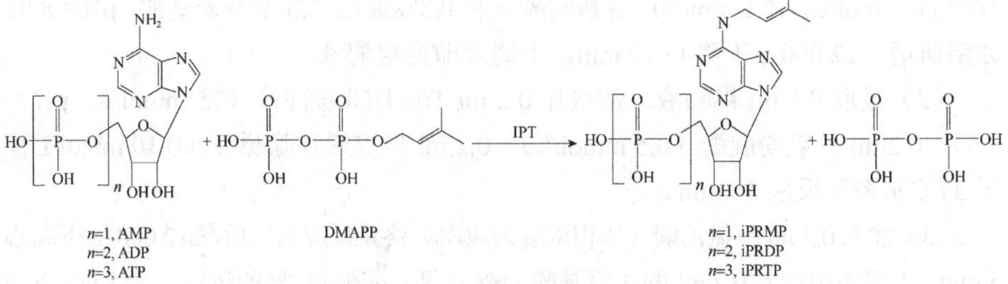

图 6-6-1　IPT 酶催化细胞分裂素合成的原理

DMAPP. 二甲基丙烯基二磷酸三铵盐；ATP. 腺苷三磷酸；ADP. 腺苷二磷酸；AMP. 腺苷一磷酸；
iPRMP. 异戊烯基腺苷-5′-一磷酸；iPRDP. 异戊烯基腺苷-5′-二磷酸；iPRTP. 异戊烯基腺苷-5′-三磷酸

## 三、实验用品

**1. 材料**　　水稻幼穗或者籽粒、根系。

**2. 仪器与用具**　　研钵、冷冻离心机、冷冻干燥机、移液枪、高效液相色谱（HPLC）等。

**3. 试剂**　　Tris-HCl、甲基磺酰氟、聚乙二醇辛基苯基醚、三甲基甘氨酸、三羟乙基胺、氯化钾、二硫苏糖醇、牛血清白蛋白、二甲基丙烯基二磷酸三铵盐（DMAPP）、腺苷一磷酸（AMP）、细胞分裂素异戊烯基腺苷-5′-磷酸（iPRMP）、乙酸等。

## 四、实验步骤

（1）同第六章实验五步骤（1）。

（2）吸取 0.2 ml 粗酶液依次加入 0.2 ml 缓冲液（pH＝8.0，1 mol/L 三甲基甘氨酸，20 mmol/L 三羟乙基胺，50 mmol/L 氯化钾，1 mmol/L 二硫苏糖醇，1 mg/ml 牛血清白蛋白，1 mmol/L AMP）和 0.6 ml DMAPP（340 μmol/L），在 25℃下反应 2 h。

（3）加 0.25 ml 乙酸（10%）终止反应，18 000 $g$ 下离心 20 min，取上清液用 HPLC 测定反应体系中生成的 iPRMP 含量，IPT 酶活性 [nmol/（mg FW·h）] 表示为每毫克鲜重组织单位小时内生成的 iPRMP 的物质的量。

## 五、实验作业

思考细胞分裂素合成酶的生理功能和作用。设计和实施试验，以小麦、玉米、水稻或其他作物鲜嫩植物组织为试验材料，测定植物组织细胞分裂素合成酶活性。

## 六、参考文献

Takei K, Sakakibara H, Sugiyama T. 2001. Identification of genes encoding adenylate isopentenyltransferase, a cytokinin biosynthesis enzyme, in *Arabidopsis thaliana*[J]. J Biol Chem, 276: 26405-26410.

# 实验七　细胞分裂素活化酶活性测定方法

## 一、实验目的

1．掌握利用高效液相色谱法测细胞分裂素活化酶活性方法的基本原理。

2．学习细胞分裂素活化酶活性的测定方法。

## 二、实验原理

细胞分裂素存在 4 种形态：核苷酸型（nucleotide）、核苷型（nucleoside）、自由碱基型（free base）和葡萄糖苷型（glucoside）。其中，自由碱基型生物活性最高，核苷型和核苷酸型细胞分裂素生物活性相对较低。

细胞分裂素活化酶（LOG）以细胞分裂素核糖-5′-单磷酸（iPRMP，tZRMP）为底物，在适宜温度（30℃）下将其生成自由碱基型细胞分裂素（iP，tZ）（图 6-7-1）。

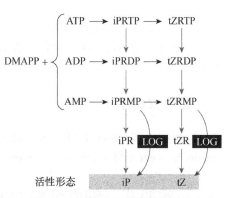

图 6-7-1　LOG 催化细胞分裂素前体生成高生物活性细胞分裂素的原理

DMAPP. 二甲基丙烯基二磷酸三铵盐；ATP. 腺苷三磷酸；ADP. 腺苷二磷酸；AMP. 腺苷一磷酸；iPR. 异戊烯基腺嘌呤核苷；tZR. 反式玉米素核苷；iPRMP. 异戊烯基腺苷-5′-一磷酸；iPRDP. 异戊烯基腺苷-5′-二磷酸；iPRTP. 异戊烯基腺苷-5′-三磷酸；tZRMP. 反式核糖-5′-一磷酸玉米素；tZRDP. 反式核糖-5′-二磷酸玉米素；tZRTP. 反式核糖-5′-三磷酸玉米素

## 三、实验用品

**1．材料**　水稻幼穗或者籽粒、根系。

**2．仪器与用具**　研钵、冷冻离心机、冷冻干燥机、移液枪、高效液相色谱等。

**3．试剂**　Tris-HCl、甲基磺酰氟液、聚乙二醇辛基苯基醚、二硫苏糖醇、丙酮、异戊烯基腺嘌呤（iP）、异戊烯基腺苷-5′-一磷酸（iPRMP）等。

## 四、实验步骤

（1）同第六章实验五步骤（1）。

　　（2）吸取 0.2 ml 粗酶液依次加入 0.2 ml 缓冲液（pH＝6.5，50 mmol/L Tris-HCl，1 mmol/L MgCl$_2$，1 mmol/L 二硫苏糖醇）、0.08 ml 的 iPRMP（10 mmol/L），在 30℃下反应 2 h。

　　（3）加 0.3 ml 冷丙酮终止反应，再置于−80℃下 30 min，18 000 $g$ 下离心 20 min（4℃），上清液用 HPLC 检测生成的 iP 的浓度，LOG 活性 [nmol/（mg FW·h）] 表示为每毫克鲜重组织单位小时内生成的 iP 的物质的量。

## 五、实验作业

　　思考细胞分裂素活化酶的生理功能和作用。设计和实施试验，以小麦、玉米、水稻或其他作物鲜嫩植物组织为试验材料，测定植物组织细胞分裂素活化酶活性。

## 六、参考文献

　　Kurakawa T, Ueda N, Maekawa M, et al. 2007. Direct control of shoot meristem activity by a cytokinin-activating enzyme[J]. Nature, 445: 652-655.

# 实验八　细胞分裂素单加氧酶活性测定方法

## 一、实验目的

　　1. 掌握利用高效液相色谱测细胞分裂素单加氧酶活性方法的基本原理。
　　2. 学习细胞分裂素单加氧酶活性的测定方法。

## 二、实验原理

　　细胞分裂素单加氧酶（CYP735A）是细胞分裂素合成过程中转化、激活细胞分裂素的酶，该酶以异戊烯基腺嘌呤类细胞分裂素（iPRTP、iPRDP、iPRMP）为底物，相应地将其转化为玉米素类细胞分裂素（tZRTP、tZRDP、tZRMP），对细胞分裂素转化、激活发挥重要作用（图 6-8-1）。

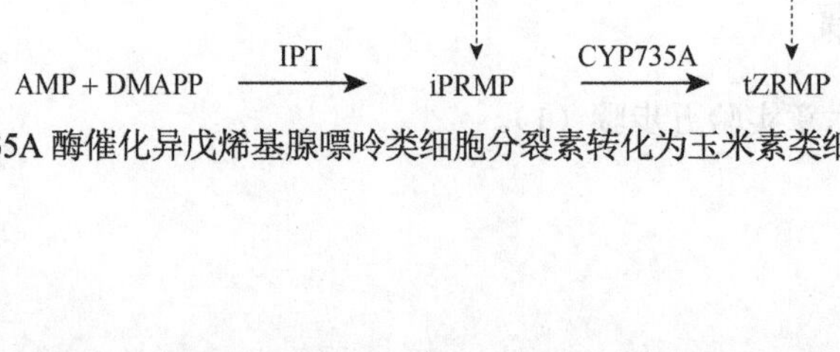

图 6-8-1　CYP735A 酶催化异戊烯基腺嘌呤类细胞分裂素转化为玉米素类细胞分裂素的原理

## 三、实验用品

**1. 材料**　水稻幼穗或者籽粒、根系。

**2. 仪器与用具**　研钵、冷冻离心机、冷冻干燥机、移液枪、高效液相色谱等。

**3. 试剂**　Tris-HCl、甲基磺酰氟、聚乙二醇辛基苯基醚、磷酸钠、蔗糖、NADPH、牛血清白蛋白、iPRMP、$MgCl_2$、碱性磷酸酶、tZRMP、CHES-NaOH 等。

CHES-NaOH 的配制方法：①称取 CHES 1.036 g（分子量 207.3），加入 40 ml 蒸馏水；②测 40 ml CHES 水溶液的 pH 约为 4.5，测试温度为 27℃；③加入 1 ml 1 mol/L NaOH 溶液后，测试 pH 约为 8.83；④加蒸馏水定容至 50 ml，转移到 50 ml 样品瓶中，室温下保存。

## 四、实验步骤

（1）同第六章实验五步骤（1）。

（2）吸取 0.3 ml 粗酶液，依次加入 0.2 ml 缓冲液（pH＝7.5，100 mmol/L 磷酸钠，10%蔗糖，3 mmol/L NADPH，1 mg/ml 牛血清白蛋白）、0.08 ml iPRMP（10 mmol/L），20℃下反应 2 h。

（3）加 0.2 ml 缓冲液（pH＝10.0，50 mmol/L CHES-NaOH，0.5 mmol/L $MgCl_2$）终止反应，加入碱性磷酸酶（alkaline phosphatase）于 37℃下处理 40 min，18 000 g 下离心 20 min（4℃），上清液用 HPLC 检测生成的 tZR 的浓度，CYP735A 的活性[nmol/（mg FW·h）]表示为每毫克组织鲜重单位小时内生成的 tZR 的物质的量。

## 五、实验作业

思考细胞分裂素单加氧酶的生理功能和作用。设计和实施试验，以小麦、玉米、水稻或其他作物鲜嫩植物组织为试验材料，测定植物组织细胞分裂素单加氧酶的活性。

## 六、参考文献

Sasaki E, Ogura T, Takei K, et al. 2013. Uniconazole, a cytochrome P450 inhibitor, inhibits trans-zeatin biosynthesis in *Arabidopsis*[J]. Phytochemistry, 87: 30-38.

Takei K, Yamaya T, Sakakibara H. 2004. Arabidopsis CYP735A1 and CYP735A2 encode cytokinin hydroxylases that catalyze the biosynthesis of trans-zeatin[J]. J Biol Chem, 279: 41866-41872.

# 第七章　作物分子生理实验

## 实验一　实时荧光定量 PCR 法检测基因表达量

### 一、实验目的

1. 掌握试剂盒提取植物组织的 RNA、反转录与实时荧光定量 PCR 的方法。
2. 了解实时荧光定量 PCR 法检测基因表达量的机理。

### 二、实验原理

中心法则是遗传信息在细胞内生物大分子间转移的基本法则,其中包括 DNA 转录形成 mRNA。基因表达量差异的客观反映即其转录产生的 mRNA 含量的差异。mRNA 表达量差异的检测方法有实时荧光定量 PCR 和 RNA-seq 等。在本实验中,我们通过实时荧光定量 PCR 法检测基因表达量的差异。

由于 mRNA 的稳定性不高,因此需要通过反转录,形成稳定性较高的 cDNA,再进行下一步操作。

在实时荧光定量 PCR 过程中,基因的扩增原理与普通 PCR 无异,但是 PCR 反应液比常规 PCR 多了 SYBR(或 Taqman 探针)与 ROX。SYBR 能够与双链 DNA 非特异性地结合,产生绿色荧光,其强度随扩增浓度的变化而变化。Taqman 水解探针是一段带有报告基团和淬灭基团的寡核苷酸序列,能与靶基因特异性结合。完整的 Taqman 水解探针无信号,在 PCR 过程中,PCR 酶的 $5'→3'$ 端的内切酶活性,导致报告基团与淬灭基团分离,进而产生荧光。总体而言,SYBR 的成本相对较低,但是无法保证特异性。Taqman 探针具有较高的特异性。在荧光定量 PCR 过程中 ROX 不参与 PCR 反应,其功能是校准物理误差。实时荧光定量 PCR 仪除了控温模块以外,还包括了光路系统与检测器,因此可以实时监控荧光强度。当荧光强度达到一个设定阈值时,其循环数即为 $C_t$ 值。

基因表达量的计算需要确定一个内参基因,一般选择一个在各个时期、各个组织表达量相对恒定的基因(如 *actin*、*ubq*)作为内参,与要检测的基因一起进行 PCR。通过比较 $C_t$ 值,即可确定检测基因的相对表达量。

$$基因的表达量 = 2^{C_t \text{内参基因} - C_t \text{目的基因}}$$

荧光定量 PCR 的数据分析,主要包括 $C_t$ 值的导出,扩增曲线的读取与熔解曲线的读取。$C_t$ 值如上所述,扩增曲线是每个孔在热循环过程中荧光强度的变化曲线,熔解曲线则是依据不同的 DNA 链熔解温度不同,检测扩增产物的特异性。

## 三、实验用品

**1. 材料**　植株组织样品。

**2. 仪器与用具**　研磨仪、钢珠、冻存管、移液枪、枪头、离心机、离心管、8 连管、96 孔板（包括膜）、镊子、刮板等。

**3. 试剂**　RNA 提取试剂盒（OMEGA）、反转录试剂盒（TAKARA）、ExTaq（SYBR Premix，TAKARA）、DNase、无水乙醇、DEPC 水、液氮等。

**4. 软件**　BioXM 2.7。

## 四、实验步骤

**1. 植株样品 RNA 提取**　使用 RNA 提取试剂盒，OMEGA。

（1）破碎：在冻存管中加入钢珠与新鲜植物样品，于液氮中冷冻。研磨仪的转子也于液氮中预冷后，在研磨仪中将植物组织研磨成粉末状。

（2）提取：在植物组织粉末中加入 500 μl RB buffer（每 1 ml RB buffer 提前加入 15 μl β-巯基乙醇）。振荡后稍静置，离心（12 000 r/min，4 min）。取上清液至用于吸附基因组 DNA 的 gDNA 吸附柱中，离心（12 000 r/min，2 min），弃吸附柱，在收集的滤液中加入等体积无水乙醇，振荡后稍静置，过 RNA 吸附柱（12 000 r/min，2 min），弃滤液。

（3）DNase 处理：根据说明书配好 DNA 酶溶液，滴于 RNA 吸附柱上。室温处理约 0.5 h，彻底除去基因组 DNA 残留。

（4）清洗：在吸附柱中加入 400 μl RWF wash buffer 洗涤（12 000 r/min，2 min），弃滤液，再用 500 μl wash buffer 洗涤 2 次（12 000 r/min，2 min），空管离心（12 000 r/min，5 min）。

（5）洗脱：在 RNA 吸附柱上滴入适量 DEPC 水（一般为 30~50 μl），65℃温浴 5 min，离心，即获得植物总 RNA 溶液。可将总 RNA 溶液保存至 8 连管中，方便存放。

（6）RNA 质量检测：微量分光光度计检测，要求 $A_{260}/A_{280}$ 为 2~2.2，$A_{260}/A_{230}>2$。凝胶电泳检测要求胶图呈现清晰的两条带（28 S 和 18 S rRNA），不得有拖带。

注意事项：

（1）全程戴手套、口罩，尽量不要说话。提取 RNA 的过程用到的枪头事先需要灭菌。全程操作迅速。

（2）使用 wash buffer 时先看瓶盖上是否打勾，若未打勾，请按照说明书加入无水乙醇，并且打上勾。

（3）全程所需要的水均为 DEPC 水。

（4）RNA 凝胶电泳前需要更换电泳槽的缓冲液。如有必要，可以用 3%双氧水清洗电泳槽。

**2. 反转录**　　使用反转录试剂盒，TAKARA。

（1）反应体系如下：

反转录 Mix（管盖号 1）：2 μl。

RNA：依据浓度，加入 RNA 的量不宜超过 5 μg。

RNase-free 水：补足体系至 10 μl。

将反应体系混匀后进行下一步操作。

（2）反应程序如下：

37℃：15 min

85℃：5 s

4℃保存至操作结束。

（3）反应完成以后，将产物稀释 10 倍，进行下一步操作。

注意事项：全程使用灭过菌的枪头，防止 RNA 降解。

**3. 实时荧光定量 PCR**

（1）反应体系（每个孔）如下：

SYBR Premix ExTaq：10 μl

ROX：0.4 μl

引物 F（10 mmol/L）：0.4 μl

引物 R（10 mmol/L）：0.4 μl

cDNA：2 μl

双蒸水：6.8 μl

（2）一般需要技术重复，相同的体系配 3 或 4 个孔。

（3）反应体系配完以后在 PCR 板上贴膜，用刮板刮紧后离心。

（4）程序设计。将每个孔与其对应的基因和样品名匹配上，开始进行 PCR。

预变性：95℃，10 min

热循环：95℃，15 s

60℃，1 min

40 循环

熔解曲线程序。

（5）结果读取，熔解曲线分析，$C_t$ 值导出，数据分析。

注意事项：不要用手触碰 PCR 板上贴的膜，避免影响光路系统读数。

**4. 使用 BioXM 2.7 设计引物**

（1）查找数据库，获取目标 DNA 序列。

（2）菜单→引物分析→引物辅助设计（或者"Ctrl＋R"），通过调整参数，获取目标引物。

（3）荧光定量 PCR 引物设计时，引物 F 和引物 R 尽量在不同的内含子上。

## 五、实验作业

1．根据实验结果，计算目标基因的相对表达量。

2．若实时荧光定量 PCR 产物的熔解曲线出现两个峰，如何判断是引物二聚体还是非特异性扩增？

3．在 RNA 提取的过程中，若 DNA 清除不彻底，会对实验结果有什么影响？

4．在荧光定量 PCR 体系中漏加 ROX，会对实验结果有什么影响？

5．如何判断实时荧光定量 PCR 的扩增函数是否符合预期？若扩增函数不符合预期，数据如何处理？

## 六、参考文献

段敏，王梦娇. 2012. 实时定量 PDR 技术研究进展及其在小麦转基因检测中的应用[J]. 安徽农业科学，（10）：5808-5810.

赵玉红，李欣，赵立青，等. 2018. 实时荧光定量 PCR 技术在实验教学中的应用[J]. 实验技术与管理，（4）：61-64，68.

张贺，李波，周虚，等. 2006. 实时荧光定量 PCR 技术研究进展及应用[J]. 动物医学进展，27（z1）：5-12.

# 实验二　Western blot 检测蛋白质表达量

## 一、实验目的

学习掌握 Western blot 试验原理和试验操作。

## 二、实验原理

Western blot 采用的是聚丙烯酰胺凝胶（PAGE）电泳，被检测物是蛋白质，探针是抗体，显色用标记的第二抗体。经过 PAGE 分离的蛋白质样品，转移到固相载体［如硝酸纤维素薄膜（PVDF）］上，固相载体以非共价键形式吸附蛋白质，且能保持电泳分离的多肽类型及其生物学活性不变。以固相载体上的蛋白质或多肽作为抗原，与对应的抗体起免疫反应，再与酶或同位素标记的第二抗体起反应，经过底物显色或放射自显影检测电泳分离的特异性目的基因表达的蛋白质成分。该技术也广泛应用于检测蛋白质水平的表达。

## 三、实验用品

1．**材料**　植物蛋白质样品。

2．**仪器与用具**　移液枪、水浴锅、电泳槽、电泳仪、滤纸、半干式转移电泳槽等。

**3. 试剂** 蛋白质抽提液与聚丙烯酰胺凝胶电泳储备液的制备如表 7-2-1 和表 7-2-2 所示。

**表 7-2-1 蛋白质抽提液（675 μl/样）**

| 试剂 | pH | 浓度 | 用量 |
| --- | --- | --- | --- |
| Tris-HCl | 6.8 | 50 mmol/L | 6.05 g/L |
| 尿素 | | 8 mol/L | 48 g/100 ml |
| 甘油 | | 20% | 20 g/100 ml |
| SDS | | 4% | 4 g/100 ml |

**表 7-2-2 聚丙烯酰胺凝胶电泳储备液**

| | |
| --- | --- |
| 上样缓冲液 | SDS 200 mg，巯基乙醇 0.2 ml，甘油 2 ml，溴酚蓝 4 mg，0.2 mol/L pH 为 7.2 的磷酸缓冲液 1 ml，超纯水 10 ml |
| 转移缓冲液 | 25 mmol/L Tris（3.028 g/L），0.192 mol/L 甘氨酸（14.413 g/L），20%甲醇，pH 8.3 |
| 10×Tris 缓冲液（TBS） | 20 mmol/L（24.2 g/L）Tris，500 mmol/L NaCl，pH 7.4 |
| TBS/T 缓冲液 | 1×TBS，0.1% Tween-20 |
| 封闭缓冲液（TBS/T） | 1×TBS，0.1% Tween-20 加 5%（m/V）脱脂奶粉 |

注：一般来说，牛血清白蛋白 BSA 被推荐用于多克隆抗体，脱脂奶粉用于单克隆抗体，这样可得到较高的信噪比；抗体的稀释度参考抗体说明书或根据实验确定；使用预染的蛋白质 Marker，可监测转膜的效率。

其他还有甲醇、聚丙烯酰胺、去离子水等。

## 四、实验步骤

**1. 样品制备** 把样品放在研钵中用液氮研磨至粉末状，取 0.2 g 样品粉末，加 650 μl 蛋白质抽提液，冰上放置 30 min，离心取上清。

**2. 电泳分离** 样品加同体积上样缓冲液，沸水浴 3 min，15 μl 预染 Marker，沸水浴 2min，用前沸水浴 2 min，以 50 V 电压电泳 30 min，然后换为 120 V 电压进行电泳直到条带分离明显。

**3. 蛋白质的膜转移**

（1）戴手套，依据胶的大小剪取 6 片滤纸和 1 片膜。将膜浸在甲醇中数秒，直到整张膜变半透明（3～5 s）。然后将膜在 TBS 缓冲液中孵育直到平衡（2～3 min），平衡后膜会沉入缓冲液中。同时用转移缓冲液浸湿 3 mm 滤纸。

（2）去离子水漂洗聚丙烯酰胺凝胶。

（3）装配转移"三明治"：按 3 层滤纸、一张膜、一张胶、3 层滤纸的顺序进行放置，每次放置时用试管赶去气泡。切记：胶放于负极面（黑色面）。

（4）放入"三明治"，插上电极，小胶为 $10 \sim 15$ V， $15 \sim 30$ min，大胶为 $15 \sim 25$ V， $30 \sim 60$ min。

（5）转膜结束后，切断电源，取出杂交膜（电极板擦洗干净，晾晒干再收好）。

**4．免疫杂交与显色**

（1）用 25 ml TBS 洗膜 $5 \sim 15$ min，室温摇动。

（2）置膜于 25 ml 封闭缓冲液中 $1 \sim 2$ h，室温摇动（或 4℃过夜）。

（3）15 ml TBS/次，共洗 3 次（$5 \sim 15$ min/次）。

（4）按 1：5000（具体参考抗体说明书）加入一抗，室温孵育最多 1 h 或 4℃过夜，缓慢摇动。

（5）重复步骤（3）。

（6）按 1：5000 加入二抗，室温孵育 1 h，缓慢摇动。

（7）重复步骤（3）。

（8）15 ml TBS 洗 1 次。

（9）蛋白质检测，增强剂溶液与过氧化物缓冲液各 1.5 ml 混合，膜孵育 3 min，检测拍照。

**5．注意事项**

（1）操作中戴手套，不要用手触膜。

（2）PVDF 膜在甲醇中浸泡时间不要超过 5 s。

（3）如检测小于 20 kD 的蛋白质应用 0.2 μm 的膜，并可省略转移时的平衡步骤。

（4）某些抗原和抗体可被 Tween-20 洗脱，此时可用 1.0% BSA 代替 Tween-20。

（5）关于封闭剂的选择。5%脱脂奶/TBS 或者 PBS：能和某些抗原相互作用，掩盖抗体结合能力。0.3%～3% BSA 加入 PBS，可降低内源性交叉反应。

（6）如用 0.1% Tween-20、0.02% $NaN_3$ 加入 PBS 或者 TBS 作封闭剂和抗体稀释液，抗体检测后可进行蛋白质染色。

## 五、实验作业

1．蛋白质检测拍照时有的同学会出现无背景，但是信号较弱，并且检查发现膜下层的滤纸呈现蓝色，请分析信号较弱的原因以及改进方法。

2．拍照检测发现出现高背景（背景较杂），并且目的信号较弱，请提出至少两点可能的原因以及对应的改进方法。

## 六、参考文献

Dobrowolski P, Ausubel F M. 1992. Short Protocols in Molecular Biology—A Compendium of Methods from Current Protocols in Molecular Biology[M]. 2nd ed.

New York: Greene Pub. Associates.

　　Kurien B T, Scofield R H. 2003. Protein blotting: a review[J]. Journal of Immunological Methods, 274(1/2): 1-15.

　　Macphee D J. 2010. Methodological considerations for improving Western blot analysis[J]. Journal of Pharmacological & Toxicological Methods, 61(2): 171-177.

　　Chang M M, Lovett J. 2011. A laboratory exercise illustrating the sensitivity and specificity of Western blot analysis[J]. Biochemistry and Molecular Biology Education, 39(4): 291-297.

　　Russell D W, Sambrook J. 2001. Molecular Cloning: A Laboratory Manual [M].New York: Cold Spring Harbor.

　　Towbin H. 2009. Origins of protein blotting[J]. Methods in Molecular Biology, 536: 1-3.

# 实验三　双向电泳检测差异表达蛋白质

## 一、实验目的

　　1. 了解双向电泳的原理并掌握其方法。
　　2. 利用双向电泳检测差异表达蛋白质。

## 二、实验原理

　　双向电泳（two-dimensional electrophoresis，2-DE）是等电聚焦电泳和 SDS-聚丙烯酰胺凝胶电泳（SDS-PAGE）的组合，即先进行等电聚焦电泳（按照 pI 分离），然后再进行 SDS-PAGE（按照分子大小），经染色得到的电泳图是个二维分布的蛋白质图。蛋白质双向电泳的第一向为等电聚焦（isoelect rofocusing，IEF），根据蛋白质的等电点不同进行分离；第二向为 SDS-PAGE，按亚基分子质量大小进行分离。经过电荷和分子质量两次分离后，可以得到蛋白质分子的等电点和分子质量信息。蛋白质双向电泳是将蛋白质等电点和分子质量两种特性结合起来进行蛋白质分离的技术，因而具有较高的分辨率和灵敏度，已成为蛋白质特别是复杂体系中蛋白质检测和分析的一种强有力的生化手段。

## 三、实验步骤

　　（1）TCA-丙酮沉淀法制备样品。
　　（2）改良的 Bradford 法测定蛋白质含量。
　　（3）固相 pH 梯度-SDS 双向凝胶电泳。
　　（4）银染。

# Ⅰ. TCA-丙酮沉淀法制备样品

## 一、实验原理

三氯乙酸（TCA）在酸性条件下，可以使蛋白质形成不溶性盐，并作用于蛋白质的疏水基团，造成蛋白质变性并沉淀下来，从而起到分离蛋白质的作用。

## 二、实验用品

**1. 材料**　植物蛋白质样品。

**2. 仪器与用具**　电子天平、研钵、涡旋混合器、超声仪、高速离心机、低温冰箱、1.5 ml 离心管等。

**3. 实验试剂**

（1）溶液 A：10%的 TCA-丙酮溶液。

（2）溶液 B：丙酮。

（3）蛋白质抽提液：7 mol/L 尿素、2 mol/L 硫脲、4% CHAPS（表面活性剂）、苯甲基磺酰氟（PMSF）、二硫苏糖醇（DTT）、交联聚乙烯吡咯烷酮（PVPP）。

（4）DTT、EDTA、PMSF 溶液配制见表 7-3-1。

**表 7-3-1　DTT、EDTA、PMSF 溶液配制方法**

| 1 mol/L DTT | DTT | 0.1542 g |
| | 超纯水 | 1 ml；−20℃保存数周，避免多次升温 |
| 0.2 mol/L EDTA | EDTA | 0.0584 g |
| | 超纯水 | 1 ml；−20℃保存 |
| 0.1 mol/L PMSF | PMSF | 0.0174 g |
| | 异丙醇 | 1 ml；−20℃保存，有剧毒 |

其他还有异丙醇、液氮等。

## 三、实验步骤

（1）将干净研钵和配好的丙酮溶液 A、B 置于−20℃冷却。

（2）称量一定量的植物样品置于液氮中冷却。

（3）液氮预冷研钵，冷研钵中将样品加液氮研磨（加少许 PVPP），反复加液氮研磨至粉末状。

（4）取出磨好的样品，用 10 倍体积（$m/V$）的溶液 A 悬浮，加入 0.1 mol/L PMSF、1 mol/L DTT 至终浓度为 1 mmol/L PMSF、10 mmol/L DTT，超声 3 min，功率 80 W，超声 0.8 s，关闭 2 s，于−20℃下静置 6 h 或过夜后，4℃、20 000 $g$、15 min 离心，弃上清。

（5）沉淀用 10 倍体积于样品的丙酮溶液 B 中悬浮，加入 1 mmol/L PMSF、

10 mmol/L DTT，于−20℃下静置 1 h 后，4℃、20 000 g、15 min 离心，弃上清。

（6）重复步骤（5）一次。

（7）沉淀用 10 倍体积于样品的乙醇/乙醚＝1∶1 洗涤一次，加入 1 mmol/L PMSF、10 mmol/L DTT，于−20℃下静置 1 h 后，4℃、20 000 g、15 min 离心，弃上清。

（8）重复步骤（5）一次。

（9）取出沉淀真空干燥约 5 min，除尽有机溶剂。

（10）每 10 mg 干粉加 200 µl 蛋白质抽提液，超声 3 min，功率 80 W，超声 0.8 s，关闭 2 s，充分溶解 1 h，10℃、35 000 g、15 min 离心（重复一次），上清为所需的蛋白质溶液。

（11）用改良的 Bradford 法测定蛋白质样品的蛋白质浓度，具体操作见操作规程——改良的 Bradford 法测定蛋白质含量。

（12）蛋白质样品溶液小量分装，−80℃保存。

## 四、注意事项

1．样品采集：要求纯目的组织，不含杂质。

2．样品研磨破碎：样品在冷冻条件下，易破碎，且蛋白质不易降解；要充分研磨，以利于有机溶剂沉淀去除酚类色素等杂质和蛋白的抽提。

3．TCA-丙酮沉淀：TCA 有利于去除酚类色素等杂质，但不利于蛋白质的抽提，使用浓度不宜过高，在后面丙酮处理中尽量除去。蛋白酶抑制剂要在其新鲜时加入。

4．蛋白质抽提：样品与抽提液的比例以及抽提液的成分建议视样品种类调整。抽提过程中，要充分混匀样品以利于蛋白质的溶解。若蛋白质抽提液浓度过低要进行浓缩处理。

5．蛋白质样品保存：样品浓度不宜过高，建议将高浓度样品适度调整；为避免反复冻融，样品要小量分装保存，长期保存用−80℃，短期保存可用−20℃。最好在粉末状态下保存［第（9）步得到的粉末］。

6．安全使用液氮，防止样品溅出损失，防止液氮冻伤皮肤。

7．取离心后的蛋白质抽提液上清时要小心操作，避免拖尾沉淀混入，可离心两次取上清。

8．蛋白质定量要准确。

9．PMSF 有剧毒，溶于异丙醇中，在水溶液中半衰期很短，一定要新鲜时加入，加入 PMSF 后，充分混匀，约 5 min 后加入 DTT 到所需要的浓度。

## Ⅱ. 改良的 Bradford 法测定蛋白质含量

## 一、实验原理

考马斯亮蓝在游离状态下呈红色，最大光吸收在 488 nm 处；当蛋白质与染料考马斯亮蓝 G250 结合后，使得蛋白质-色素结合物在 595 nm 波长下有最大光吸收。在一定的线性范围内，反应液 595 nm 处吸光度的变化量与反应蛋白质质量成正比，测定 595 nm 处吸光度的增加量即可对蛋白质定量，是一种常用的微量蛋白质检测方法。

## 二、实验用品

**1. 材料**　植物蛋白质样品。

**2. 仪器与用具**　移液枪、酶标板、酶标仪等。

**3. 试剂**

（1）试剂 A：考马斯亮蓝 G250 原液。称取 200 mg 考马斯亮蓝 G250 溶于 100 ml 95%的乙醇中，加入 200 ml 85%（$m/V$）的磷酸。4℃保存。

（2）试剂 B：0.01%考马斯亮蓝 G250 测定工作液。取 15 ml 考马斯亮蓝 G250 原液，定容到 100 ml。过滤后使用。

（3）蛋白质标准液：2 mg/ml BSA 蛋白质溶液储备液。将 100 mg BSA 标准品定容到 50 ml 水中，室温稳定 2 h，−40℃保存 6~8 个月。

（4）待测样品（13 000 $g$ 离心 5 min）。

## 三、实验步骤

（1）蛋白质标准液配置后，进行分装，保存于−20℃中。

（2）分别在 0.6 mg/ml、0.8 mg/ml、1.0 mg/ml、1.2 mg/ml、1.4 mg/ml、1.6 mg/ml、1.8 mg/ml、2.0 mg/ml 浓度下测定标准曲线。

（3）吸取以上各浓度的标准溶液 10 μl，加入 1 ml 考马斯亮蓝。显色 10 min 以上后加入酶标版，每孔 200 μl。

（4）一般情况下加入 3~5 μl 样品进行显色，加入 1 ml 考马斯亮蓝 G250 测定工作液，摇匀，室温放置 10 min 后测定其在 595 nm 处相对吸光度。

（5）用 Excel 软件作出吸光度对 BSA 浓度的关系曲线。根据曲线方程计算蛋白质含量。

## 四、注意事项

（1）加入蛋白质样品后的试剂混匀要温和。

（2）蛋白质溶液与考马斯亮蓝染色液反应后，复合物最多稳定 1 h，再延长时间可能影响测定结果的准确性。

（3）建议样品浓度为 1.5~4 μg/μl。如果过大或过小，可以调整样品与提取液间的比例（样品提取中最后一步）。

## Ⅲ．固相 pH 梯度-SDS 双向凝胶电泳

### 一、实验原理

分离蛋白质混合物，即将样品进行电泳后，为了不同目的在它的直角方向再进行一次电泳。常说的双向电泳是根据蛋白质所带的电荷和分子大小对蛋白质混合物进行分离。第一向等电聚焦的基本原理是利用蛋白质分子或其他两性分子的等电点不同，在一个稳定的、连续的、线性的 pH 梯度中进行蛋白质的分离和分析。第二向运用 SDS-聚丙烯酰胺凝胶电泳根据分子量大小对蛋白质进行分离。

### 二、实验用品

**1. 材料**　　植物蛋白质样品。

**2. 仪器与用具**　　等电聚焦电泳仪等。

**3. 试剂**　　IPG buffer、矿物油、DTT、碘代乙酰胺、过硫酸铵、TEMED、1mol/L DTT、重泡胀缓冲液（rehydration buffer）、平衡液储备液、30%丙烯酰胺单体储备液、1.5 mol/L Tris-HCl、10% SDS、10×Tris-甘氨酸系统的电泳缓冲液、0.5%琼脂糖。

### 三、实验步骤

（1）根据选用胶条的长度计算上样体积（表 7-3-2），加 1 mol/L DTT 到上样溶液使终浓度为 50 mmol/L 需要的体积，补加 IPG buffer 到上样溶液使终浓度为 0.2%或者 0.5%的体积。

**表 7-3-2　胶条长度、上样量、上样体积、等电聚焦的伏小时数的设置及说明**

| 胶条长度（cm） | 7 | 11 | 13 | 17 | 18 | 24 |
|---|---|---|---|---|---|---|
| 上样体积（μl） | 125 | 185 | 250 | 300 | 350 | 450 |
| 银染上样量范围（pH 3～10）（L/μg） | 5～100 | 15～200 | 25～250 | 30～300 | 40～400 | 50～500 |
| 推荐使用量（μg） | 50 | 100 | 125 | 150 | 200 | 250 |
| 银染（Vh） | 12 000 | 20 000 | 24 000 | 30 000 | 36 000 | 52 000 |
| 考染上样量范围（pH 3～10）（L/mg） | 0.05～0.5 | 0.15～1.2 | 0.25～1.5 | 0.25～2.5 | 0.75～3 | 1.0～4.0 |
| 推荐使用量（μg） | 250 | 500 | 650 | 750 | 1000 | 1250 |
| 考染（Vh） | 22 000 | 30 000 | 34 000 | 40 000 | 46 000 | 62 000 |

注：1. pH 3～10 非线性胶条、pH 4～7 胶条、pH 6～11 胶条的上样量与 pH 3～10 相比增加 1.5～2 倍，聚焦的伏小时数延长约 10 000 Vh。

2. 按照推荐量进行预实验，根据预实验结果调整上样量。聚焦的伏小时数（Vh）可以根据聚焦的情况进行调整。

（2）把各种溶液按计算的体积加到离心管中，充分混匀，或者超声 5～10 min，14 000 r/min、10℃离心 5 min。

（3）取出胶条室温放置 10 min，平衡胶条的温度。

（4）沿着聚焦盘中槽的边缘从左至右线性加入样品。在槽两端各 1 cm 左右不要加样，中间的样品液一定要连贯。注意不要产生气泡，否则影响胶条中蛋白质的分布。

（5）当所有的蛋白质样品都已经加入到聚焦盘中后，用镊子轻轻地去除预制 IPG 胶条上的保护层。

（6）分清胶条的正负极，轻轻地将 IPG 胶条胶面朝下置于聚焦盘中样品溶液上，使得胶条的正极（标有＋）对应于聚焦盘的正极。确保胶条与电极紧密接触。不要使样品溶液弄到胶条背面的塑料支撑膜上，因为这些溶液不会被胶条吸收。同样还要注意不使胶条下面的溶液产生气泡。如果已经产生气泡，用镊子轻轻地提起胶条的一端，上下移动胶条，直到气泡被赶到胶条以外。

（7）在每根胶条上覆盖 1～3 ml 矿物油，防止胶条水化过程中液体的蒸发析出尿素。需缓慢地加入矿物油，沿着胶条，使矿物油一滴一滴慢慢加在塑料支撑膜上。

（8）对好正、负极，盖上盖子。设置等电聚焦程序（表 7-3-3）。

表 7-3-3　等电聚焦程序的设置及说明

| | 水化 | 0 V | | 4 h（20℃） | |
| --- | --- | --- | --- | --- | --- |
| | S1 | 50 V | 快速 | 8 h | 除盐 |
| | S2 | 500 V | 快速 | 0.5 h | 除盐 |
| 7 cm 胶条聚焦时间 | S3 | 1000 V | 快速 | 0.5 h | 除盐 |
| | S4 | 8000 V | 线性 | 2 h | 升压 |
| | S5 | 8000 V | 快速 | 20 000 | 聚焦 |
| | S6 | 500 V | 快速 | 任意时间 | 保持 |
| | 水化 | 0 V | | 6 h（20℃） | |
| | S1 | 50 V | 快速 | 8 h | 除盐 |
| | S2 | 500 V | 快速 | 1.5 h | 除盐 |
| 18 cm 胶条聚焦时间 | S3 | 1000 V | 快速 | 1.5 h | 除盐 |
| | S4 | 8000 V | 线性 | 3 h | 升压 |
| | S5 | 8000 V | 快速 | 65 000 | 聚焦 |
| | S6 | 500 V | 快速 | 任意时间 | 保持 |

选择所放置的胶条数，设置胶条的极限电流为 50 μA/根，最好 30 μA/根，设置温度（17℃）

注：1. 一般无电压泡胀与低电压 50 V 泡胀的时间加起来为 12 h，无电压泡胀能够使小分子蛋白进入胶内，低电压泡胀能够使大分子量蛋白进入胶内。依据感兴趣的蛋白质分子量范围进行调节。

2. 样品含盐量高时，最好把 S4 设置的时间再延长一些，或者在电极上加湿润滤纸条搭盐桥，避免烧胶。

3. 7 cm 的胶使用最高电压 4000 V 来进行等电聚焦,如果某些样品达不到设置的 8000 Vh,总伏小时数能够达到设置值也表明等电聚焦已经完成。

4. 如果等电聚焦完成与转二向之间有几个小时的间隔,可以设置 500 V 的电压来使蛋白质在胶里保持溶解状态。

5. 聚焦结束的胶条立即进行平衡、第二向 SDS-PAGE 电泳,否则将胶条吸干矿物油置于平衡管中,−80℃冰箱保存。

(9) 聚焦结束的胶条立即进行平衡、第二向 SDS-PAGE 电泳,或将胶条吸干矿物油后置于平衡管中,−80℃冰箱保存。

## 附: 储备液的配制 (表 7-3-4)

### 表 7-3-4　储备液配制

| | | | |
|---|---|---|---|
| 水化上样缓冲液<br>(蛋白质提取) | 尿素 | 7 mol/L | 10.51 g |
| | 硫脲 | 2 mol/L | 3.81 g |
| | CHAPS | 4% | 1 g |
| | 超纯水 | 定容至 25 ml;分装,−20℃冰箱保存 | |
| 胶条平衡缓冲液母液<br>(第一向后平衡步骤<br>使用) | 尿素 | 6 mol/L | 90.09 g |
| | SDS | 2% | 5 g |
| | Tris-HCl | 0.375 mol/L,pH 8.8 | 62.5 ml(1.5 mol/L)<br>Tris-HCl) |
| | 甘油 | 20% | 50 ml |
| | 超纯水 | 定容至 250 ml;分装,−20℃冰箱保存。用前拿出配制胶条平衡缓冲液 A 和 B | |
| 胶条平衡缓冲液 A | 胶条平衡缓冲液母液 | 6 ml | |
| | DTT | 0.06 g | 充分混匀,用时现配 |
| 胶条平衡缓冲液 B | 胶条平衡缓冲液母液 | 6 ml | |
| | 碘乙酰胺 | 0.15 g | 充分混匀,用时现配 |
| 琼脂糖封胶液<br>(第二向使用) | 琼脂糖 | 0.5% | 0.5 g |
| | Tris | 25 mmol/L | 0.303 g |
| | 甘氨酸 | 192 mmol/L | 1.44 g |
| | SDS | 0.1% | 1 ml(10% SDS) |
| | 溴酚蓝 | 0.001% | 100 μl(1%溴酚蓝) |
| | 超纯水 | 定容至 100 ml;加热溶解至澄清,室温保存 | |
| 30%聚丙烯酰胺<br>储备液<br>(第二向使用) | 丙烯酰胺 | | 300 g |
| | 甲叉双丙烯酰胺 | | 8 g |
| | 超纯水 | 定容至 1 L;0.45 μm 滤纸过滤后,棕色瓶 4℃冰箱保存 | |
| 1.5mol/L Tris 碱<br>pH 8.8<br>(第二向使用) | Tris 碱 | | 181.71 g |
| | 超纯水 | 加 900 ml 超纯水溶解。<br>用浓 HCl 调 pH 至 8.8,加超纯水定容至 1000 ml;4℃冰箱保存 | |

续表

| 10% SDS（第二向使用） | SDS | 5 g | | |
| | 超纯水 | 定容至 50 ml；混匀后，室温保存。 | | |
| 电泳缓冲液（第二向使用，用时现配） | Tris | | 12.11 g |
| | 甘氨酸 | 25 mmol/L | 57.65 g |
| | SDS | 192 mmol/L | 4 g |
| | 超纯水 | 0.1% | 4 L |
| 平衡及 SDS-PAGE | 胶条的长度/cm | 7 | 11 | 17 |
| | 胶条平衡缓冲液 i /ml | 2.5 | 4 | 6 |
| | 胶条平衡缓冲液 ii /ml | 2.5 | 4 | 6 |

注：1. 安装灌胶模具，配制 SDS 凝胶。具体操作见 SDS-PAGE、ETTAN DALT II System 以及 ETTAN DALT SIX 操作规程。

2. 拿出适量平衡液融化平分到平衡管中，一半加入 1% DTT，一半加入 2.5%碘代乙酰胺，充分溶解。

3. 等电聚焦完成后，关掉电源，用镊子夹出胶条，胶面朝上放在湿润的滤纸上。另外一张湿润的滤纸覆盖在胶面上，轻轻吸去上面的油。

4. 胶条支持膜紧贴平衡管壁放进含 DTT 的平衡液中进行还原，低速摇床上放置 15 min，把胶条取出来转入含碘代乙酰胺的平衡管中，烷基化打开二硫键，低速摇床上放置 15 min。

5. 小心将已平衡好的第一向胶条放置在胶面上，支持膜紧贴长玻璃板，轻轻压紧，胶条与胶面之间不要有气泡，胶条一端（一般为碱端）加入分子量 Marker，覆盖一层 0.5%琼脂糖固定胶条。

6. 电泳及染色。见 SDS-PAGE、ETTAN DALT II System 以及 ETTAN DALT SIX 操作规程。

| 溶液成分 | 不同体积凝胶液中各成分所需体积（ml） | | | | | | | |
| | 5 | 10 | 15 | 20 | 25 | 30 | 40 | 50 |
| 12%浓度 | | | | | | | | |
| 水 | 1.6 | 3.3 | 4.9 | 6.6 | 8.2 | 9.9 | 13.2 | 16.5 |
| 30%丙烯酰胺溶液 | 2 | 4 | 6 | 8 | 10 | 12 | 16 | 20 |
| 1.5 mol/L Tris（pH 8.8） | 1.3 | 2.5 | 3.8 | 5 | 6.3 | 7.5 | 10 | 12.5 |
| 10% SDS | 0.05 | 0.1 | 0.15 | 0.2 | 0.25 | 0.3 | 0.4 | 0.5 |
| 10%过硫酸胺 | 0.05 | 0.1 | 0.15 | 0.2 | 0.25 | 0.3 | 0.4 | 0.5 |
| TEMED | 0.002 | 0.004 | 0.006 | 0.008 | 0.01 | 0.012 | 0.016 | 0.02 |
| 10%浓度 | | | | | | | | |
| 水 | 1.9 | 4 | 5.9 | 7.9 | 9.9 | 11.9 | 15.9 | 19.8 |
| 30%丙烯酰胺溶液 | 1.7 | 3.3 | 5 | 6.7 | 8.3 | 10 | 13.3 | 16.7 |
| 1.5 mol/L Tris（pH 8.8） | 1.3 | 2.5 | 3.8 | 5 | 6.3 | 7.5 | 10 | 12.5 |
| 10% SDS | 0.05 | 0.1 | 0.15 | 0.2 | 0.25 | 0.3 | 0.4 | 0.5 |
| 10%过硫酸胺 | 0.05 | 0.1 | 0.15 | 0.2 | 0.25 | 0.3 | 0.4 | 0.5 |
| TEMED | 0.002 | 0.004 | 0.006 | 0.008 | 0.01 | 0.012 | 0.016 | 0.02 |

## Ⅳ. 银　染

### 一、实验原理

在碱性条件下，用甲醛将蛋白质上的硝酸银（银离子）还原成金属银，以使银颗粒沉积在蛋白带上。蛋白质染色的深浅与蛋白质中的一些特殊的基团有关，不含或者很少含半胱氨酸残基的蛋白质有时候呈负染。银染的详细机制还不是非常清楚。

### 二、实验用品

**1. 仪器与用具**　　摇床等。

**2. 试剂**　　乙醇、冰醋酸、乙酸钠、硫代硫酸钠、硝酸银、碳酸钠、甘氨酸、甲醛等。

### 三、实验步骤

（1）固定：将凝胶板浸入固定液 30 min 或者更长时间（6 块胶的使用量，每块胶使用 500 ml）。量取液体的量视胶板大小情况，适当等比例调整，使其最终浓度达 40%乙醇，10%冰醋酸即可。

　　　　200 ml 乙醇　　1200 ml

　　　　50 ml 冰醋酸　　300 ml

　　　　加水到终体积 500 ml。

（2）水洗：去离子水浸泡 10 min×3。

（3）致敏：将固定后的凝胶板取出，放入致敏液中 30 min。

　　　　150 ml 乙醇　　　900 ml

　　　　34 g 乙酸钠　　　204 g

　　　　1 g 硫代硫酸钠　6 g

　　　　加水到终体积 500 ml。

（4）水洗：去离子水浸泡 10 min×3。

（5）银染：将胶板浸入银染液 20 min。

　　　　1.25 g AgNO$_3$　　7.5 g

　　　　200 μl 37%甲醛　1200 μl

　　　　加水到终体积 500 ml。

（6）水洗：去离子水浸泡 1 min×2。注意把握时间，水洗时间延长会导致显色速度变慢，点的颜色偏黄；水洗不充分，背景颜色较深。

（7）显色：加入显色液（每块胶 1 L），约 2 min 左右。

25 g Na$_2$CO$_3$　　75 g×2

400 μl 37%甲醛　1.2 ml×2

加水到终体积 1000 ml。

（8）终止：倒掉显色液，加入终止液，浸泡 30 min。

5 g 甘氨酸　　30 g

加水到终体积 500 ml。

（9）水洗：5 min×2。

（10）保存：20%乙醇，4℃。

## 四、注意事项

（1）所用器皿须洁净，且全过程须戴手套，以免杂蛋白质污染。

（2）固定时间较长，可加一步水洗 30 min，以免胶太脆而破碎。

（3）甲醛在使用前加入。

（4）显色过程很快，要注意把握时间，避免染色过度。

## 五、参考文献

2-D Electrophoresis Using Immobilized pH Gradients，Principles and Methods，安玛西亚公司操作手册. https://www.imbb.forth.gr/ProFI/methods/pdf/2D_Manual-Gorg_2007.pdf.

2-D Electrophoresis for Proteomics：A Methods and Product Manual. bio-rad 公司操作手册.

陈主初，梁宋平. 2002. 肿瘤蛋白质组学[M]. 长沙：湖南科学技术出版社.

郭尧君. 1999. 蛋白质电泳实验技术[M]. 北京：科学出版社.

王欣荣，刘锋，刘建华，等. 2006. 一种改进的双向电泳染色方法[J]. 中国生物工程杂志，26（6）：71-74.

Bradford M M. 1976. A rapid and sensitive method for the quantitation of microgram quantities of protein utilizing the principle of protein-dye binding[J]. Analytical Biochemistry, 72: 248-254.

# 实验四　原位杂交检测基因的表达部位

## 一、实验目的

1. 学习掌握原位杂交的实验原理和实验操作。

2. 利用原位杂交技术检测目的基因在植物组织中的表达位置。

## 二、实验原理

原位杂交组织化学简称原位杂交（*in situ* hybridization histochemistry，ISHH），属于分子杂交的一种，是一种应用标记探针与组织细胞中的待测核酸杂交，再应用标记物相关的检测系统，在核酸原有的位置将其显示出来的一种检测技术。原位杂交的本质就是在一定的温度和离子浓度下，使具有特异序列的单链探针通过碱基互补规则与组织细胞内待测的核酸复性结合而使得组织细胞中的特异性核酸被定位，并通过探针上所标记的检测系统将其在核酸的原有位置上显示出来。当然杂交分子的形成并不要求两条单链的碱基顺序完全互补，所以不同来源的核酸单链只要彼此之间有一定程度的互补顺序（即某种程度的同源性）就可以形成杂交双链。

探针的种类按所带标记物可分为同位素标记探针和非同位素标记探针两大类。目前，大多数放射性标记法是通过酶促反应将标记的基因掺入 DNA 中，常用的同位素标记物有 $^3$H、$^{35}$S、$^{125}$I 和 $^{32}$P。同位素标记物虽然有灵敏性高、背景较为清晰等优点，但是由于放射性同位素对人和环境均会造成伤害，近来有被非同位素取代的趋势。非同位素标记物中目前最常用的有生物素、地高辛和荧光素三种。探针的种类按核酸性质不同又可分为 DNA 探针、cDNA 探针、cRNA 探针和合成寡核苷酸探针。cDNA 探针又可分为双链 cDNA 探针和单链 cDNA 探针。

根据所用探针和靶核酸的不同，原位杂交可分为 DNA-DNA 杂交、DNA-RNA 杂交和 RNA-RNA 杂交 3 类。根据探针的标记物是否直接被检测，原位杂交又可分为直接法和间接法两类。直接法主要用放射性同位素、荧光及某些酶标记的探针与靶核酸进行杂交，杂交后分别通过放射自显影、荧光显微镜术或成色酶促反应直接显示。间接法一般用半抗原标记探针，最后通过免疫组织化学法对半抗原定位，间接地显示探针与靶核酸形成的杂交体。目前发展了基因组原位杂交（genomic *in situ* hybridization，GISH）、荧光原位杂交（fluorescence *in situ* hybridization，FISH）、染色体原位抑制杂交（chromosomal *in situ* suppression hybridization，ISSH）、多色荧光原位杂交（multiple color fish，M-FISH）、原位杂交显带以及荧光原位杂交基因定位等技术，其中 FISH 技术应用最广。

## 三、实验用品

**1. 材料**　植物组织切片。

**2. 仪器**　真空泵、烧杯、水浴锅、离心机、尼龙膜、点样器、显微镜、培养箱、200 ml 螺旋口试剂瓶、slid washer 振动仪等。

**3. 试剂**　PBS、PB、甘氨酸、多聚甲醛、Denhardt 溶液、蛋白酶 K buffer 储备液、抗体稀释液、DW（RNase free）、SSPE、预杂交液、BCIP/NBT 显色试

剂盒、原位杂交试剂盒、三乙醇胺、显色液、无水乙醇、冰醋酸等。

## 四、实验步骤

第一日：脱水

（1）先打开培养箱，设置 37℃。

（2）用染色缸装 150 ml 超纯水（使用前加入蛋白酶 K buffer 储备液），放入 37℃培养箱中。

（3）取 200 ml 螺旋口试剂瓶，配制固定液：加入 30 ml DW（RNase free），200 μl 1 mol/L NaOH，称取 6 g Paraformaldehyde［组织固定用（HCHO）$_n$］，倒入试剂瓶中；电磁搅拌器设置 65℃，溶化约需 0.5 h；完全溶解后加 7.5 ml 的 20×PBS，混匀后放入 4℃冰箱保存待用。

**具体操作过程如下。**

第一步

将载玻片放入染色架上，染色架放入二甲苯（xylene）中浸泡 30 min→二甲苯中浸泡 20 min→在纸巾上控干→100%乙醇中浸泡 5 min→100%乙醇中浸泡 5 min→在纸巾上控干，用铝箔纸包好染色架，抽气 30 min。

第二步

**1. 试剂**　　除 100%乙醇外均需用 DEPC 处理，如 90%乙醇需用 1 L 试剂瓶准确装入 100 ml DEPC 水，再加入 900 ml 乙醇；蛋白酶储备液每管 20 μl，浓度为 20 mg/ml，提前 10 min 加入到 150 ml prok buffer 中混匀；再将固定液从 4℃冰箱中取出，倒入染色缸，加水稀释至 150 ml（终浓度为 4%）；TEA 液体黏稠，用剪平 1000 ml 枪头，吸取 2 ml TEA 加入 150 ml DW 中，用磁力搅拌混匀，同时在临用前 1 min 加入 750 ml 乙酸；使用前加入 30 ml 10×SSPE 于染色缸中，再用离心管加超纯水 120 ml。

**2. 操作**　　时间控制需精确，尤其是蛋白酶处理时间；蛋白酶 K 处理后的切片由白色变为半透明；固定液、废弃液应倒在废液缸中，不能倒在水池中。

抽气结束后，依次放入 100%乙醇 2 min→90%乙醇 2 min→70%乙醇 2 min→50%乙醇 2 min→DW 5min→37℃ DW 5 min→37℃蛋白酶 K 处理 30 min→DW 5 min→DW 5 min→室温，再固定液 10 min→DW 5 min→DW 5 min→三乙醇胺［N（CH$_2$CH$_2$OH）$_3$＝149.15，TEA］，室温 10 min→2×SSPE 5 min→2×SSPE 5 min→（以下为脱水步骤）→50%乙醇 2 min→70%乙醇 2 min→90%乙醇 2 min→100%乙醇（新乙醇）5 min→100%乙醇（新乙醇）5 min→用锡箔纸包起抽真空 30 min。

第三步

抽气时，准备以下溶液：

（1）SOLA 55℃保温箱中保温。

（2）打开金属浴，80℃。

（3）杂交（Hybridization）探针的准备：

DEPC 水　　　　　　　　　　（12－$x$）μl

tRNA-SOL（100 mg/ml）　　　3 μl

Poly（A）（10 mg/ml）　　　　15 μl

Probe 原液　　　　　　　　　$x$ μl（0.2 μg/μl）

共 30 μl/2 枚。

（4）涡旋仪混匀→80℃热激 5 min 后，急冷（冰上）＞5 min。

（5）配制探针混合液：SOL.A 270 μl/2 枚，加上探针液 30 μl/2 枚，共 300 μl/2 枚。

（6）准备好透明的杂交盒，下层铺吸水纸，底部用保湿剂润湿。

（7）将探针混合液（每个载玻片加 150 μl）加到样品左侧，用枪铺开，不能有气泡。

（8）杂交盒密封后，放入 55℃培养箱中过夜。

第四步

带橡胶手套，准备 4 个染色缸（专用），内装 RNase buffer，放置于 37℃保温箱中。

注意：RNase buffer 必须使用专用的试剂瓶和染色缸。

第二日

（1）先开水浴锅，温度调至 60℃（温度要求严格，用温度计测一下），放入 4 个装有 4×SSC 溶液和 4 个装有 0.5×SSC 的染色缸中；将染色架放入 4×SSC 染色缸中。

（2）将过夜后的载玻片在 4×SSC 染色缸中浸泡、轻晃，将盖玻片自然洗去；洗好的载玻片放入 4×SSC 染色缸内的染色架上。

（3）60℃，4×SSC 染色缸，用 slid washer 上下振动 10 min→4×SSC 染色缸，上下振动 10 min→4×SSC 染色缸，上下振动 10 min→RNase A（20 μg/ml）buffer 37℃，30 min（加入 RNA 酶，10 mg/ml）→RNase buffer 37℃，15 min→RNase buffer 37℃，15 min→RNase buffer 37℃，15 min→60℃，0.5×SSC 染色缸（共 4 个），上下振动 30 min，重复 4 次；制备封闭液。

封闭液的制备（对应 3 个载玻片）：

血清（羊血清 4℃冰箱）0.5 ml

Tween-20（剪枪头吸）　10 μl

buffer I　　　　　　　　1.5 ml

（4）把封闭液涂到载玻片上，等待 5 min。

（5）1×buffer I 杂交盒→快速擦干载玻片上的液体，用疏水笔在样品周围画圈，然后加入封闭液，200 µl/枚，放入杂交盒中，30℃，30 min。

抗体溶液（1/1000）制备：

　　　buffer I　　　1 ml

　　　抗 Dig-Ap　　1 µl

　　　Mix（8 ml/20 枚），放 4℃冰箱保存。

（6）去掉载玻片多余的液体，用枪吸去，加入抗体溶液，200 µl/枚。抗 DIG-AP 反应，30℃，60 min，洗净抗体。用 buffer I 冲洗抗体溶液，不要直接冲在样品上，间接冲洗，50~100 ml/枚；冲洗干净后放入 buffer I 中的染色架中→buffer I，室温上下振动 10 min→buffer I，室温上下振动 10 min。

（7）buffer III 5 min 静置→吸水纸吸干载玻片上的液体后→加入 600 µl 检测溶液，放入杂交盒，置暗箱，30℃静置→过夜显色→观察切片→1×TE，1 min 终止反应→50%乙醇，30 s→70%乙醇，30 s→90%乙醇，30 s→100%乙醇，30 s →100%乙醇，30 s→拿到通风橱，纸上控去多余乙醇后放入 100%乙醇＋二甲苯（1：1），1.5 min→纸上控去多余乙醇→二甲苯，1 min→二甲苯，1 min→用纸擦干→封入，加 50~60 µl 封入剂，盖上盖玻片，不能太厚，太厚不易观察，加入时以 T 字形加入，然后慢慢铺平（表 7-4-1）。

**表 7-4-1　buffer III 溶液配制**

| Buffer III | | 检测溶液（用铝箔纸包裹，−20℃冰箱） | | |
| --- | --- | --- | --- | --- |
| 1mol/L Tris-HCl（pH 9.5） | 20 ml | | ×1 | ×6 |
| 1 mol/L NaCl | 4 ml | Buffer III | 5 ml | 30 ml |
| 1 mol/L $MgCl_2$ | 10 ml | NBT（溶液） | 16.9 µl | 101.4 µl |
| DW | 166 ml | BCIP（溶液） | 17.5 µl | 105 µl |
| | 200 ml/20 枚 | | | |

## 五、注意事项

1. 探针质量是实验成功的关键。可通过 DNA 凝胶电泳对探针质量进行检测。若检测到一条轻微弥散的 RNA 带表明探针质量良好，RNA 带过于弥散或者没有条带则代表探针合成质量差。

2. 所有操作及溶液配制均应在没有 RNA 酶活性的情况下进行。杂交完成后加入 RNase A 以消化未杂交的单链 RNA 和非特异性杂交的双链 RNA 获得更加特异的杂交信号。该步骤之后所使用的试剂、耗材都无须去除 RNase，可在普通实验环境下操作。

3. 对于未知基因的杂交实验，可能需要通过比较不同浓度探针的杂交结果，确定探针杂交的最佳浓度。

4．试剂溶液可重复使用，不需更换。

5．全部操作在通风橱中进行，每 10 min 上下摇动几次。

## 六、实验作业

了解原位杂交的原理并按流程操作实验。

## 七、参考文献

龙华，付元帅，陈戟，等．2006．染色体研究的新方法与新进展[J]．长江大学学报（自然科学版），3（1）：179-184．

李洁，于明，邴杰，等．2015．RNA 原位杂交技术在玉米研究中的应用[J]．植物生理学报，51（12）：2280-2286．

李虹颖，苏彦华．2012．水稻 RNA 原位杂交体系的优化[J]．南京农业大学学报，35（2）：15-20．

奇文清，李懋学．1996．植物染色体原位杂交技术的发展与应用[J]．植物科学学报，14（3）：269-278．

Reader S M, Abbo S, Purdie K A, et al. 1994. Direct labelling of plant chromosomes by rapid *in situ* hybridization[J]. Trends Genet, 10(8): 265-266.

# 实验五　GUS 染色确定基因的表达部位

## 一、实验目的

1．了解 GUS 染色的机理。

2．了解调控序列的扩增与 GUS 载体的构建。

## 二、实验原理

*GUS* 基因存在于 *E. coli* 等一些细菌基因组内，编码 β-葡萄糖苷酸酶。β-葡萄糖苷酸酶是一个水解酶，以 β-葡萄糖苷酸酯类物质为底物。5-溴-4-氯-3-吲哚-β-葡萄糖苷酸（X-Gluc）能够被 GUS 酶水解，产生一种蓝色物质。因此，将被检材料用含有底物的缓冲液浸泡，若组织细胞发生了 *GUS* 基因的转化，并能表达 *GUS*，在适宜的条件下，该酶就可将 X-Gluc 水解生成蓝色产物，该蓝色产物能够在 *GUS* 基因表达部位积累，其颜色的深浅与 GUS 酶的活性大小呈正相关。由于绝大多数植物没有检测到 β-葡萄糖苷酸酶的背景活性，因此这个基因被广泛应用于基因调控的研究中。

各个基因均存在调控序列，调控该基因在不同的时空和不同的环境下表达。

因此在研究某个基因的表达时，可以将该基因的调控序列与 *GUS* 基因连接，共同转化进入植物基因组。该转基因植株在目标基因表达的同时，即表达出 GUS 酶。通过 GUS 染色的定位，即可知道该基因的表达时间、部位、强度。

## 三、实验用品

**1. 材料**　　感受态大肠杆菌、水稻种子。

**2. 仪器与用具**　　水浴锅、金属浴、显微镜等。

**3. 试剂**　　限制性核酸内切酶、连接酶、X-Gluc、甲醇、铁氰化钾、EDTA、Triton X-100、亚铁氰化钾、磷酸钠缓冲液、水合氯醛、双蒸水、甘油、乙醇等。

## 四、实验步骤

**1. GUS 载体的构建**

（1）引物的设计。通过数据库，查询目的基因的调控序列。通过 BioXM 设计引物（带酶切位点）。

（2）GUS 载体的构建。用高保真酶扩增调控序列，胶回收纯化后，将调控序列连入入门克隆载体（如 B-Zero）。转化、涂板后挑取单克隆，摇菌后提取质粒。酶切检测正确后，测序。选取测序正确的入门克隆，用对应的限制性核酸内切酶酶切。同时用相同的限制性核酸内切酶切割 pCambia1300-GUS 载体。载体与片段的酶切产物胶回收后用 Ligation Mix 连接、转化、涂板。挑取单克隆，摇菌后提取质粒。酶切检测正确后，测序。挑选测序正确的载体进行农杆菌转化。

**2. GUS 染色**

（1）染色液的配制。X-Gluc 母液（20 mmol/L）：10 mg X-Gluc 加 0.96 ml 二甲基亚砜，−20℃保存，见表 7-5-1。

**表 7-5-1　染色液体系**

| 药品 | 浓度 |
| --- | --- |
| 磷酸钠缓冲液（pH 7.0） | 100 mmol/L |
| 亚铁氰化钾 | 0.5 mmol/L |
| EDTA | 10 mmol/L |
| Triton X-100 | 0.1%（$V/V$） |
| 铁氰化钾 | 0.5 mmol/L |
| 甲醇 | 20%（$V/V$） |
| X-Gluc | 1 mmol/L |

（2）染色操作：将植物组织完全浸没于染色液中，必要时抽真空。置于 37℃，放置 1～2 d。

（3）脱色：将染色完成的植物样品置于 95% 的乙醇中煮沸。必要时更换乙醇，多次煮沸，直至完全脱色（无色素的白色组织，该步骤可跳过）。

（4）透明化（可选）。按水合氯醛：甘油：双蒸水＝8：1：2 配成透明液。将脱色完成的植物样品浸没其中。处理约 3 h。透明化完成的植物样品可长期保存于 70% 乙醇中。有色组织和较厚的组织建议选择此步骤。

（5）镜检：在显微镜下观察 GUS 表达的部位。

**3. 注意事项**

（1）X-Gluc 母液在光照下易分解，请置于暗处，−20℃保存。染色操作也避光完成。

（2）水合氯醛毒性较大，操作应小心。

## 五、实验作业

1. 自行设计一个 GUS 载体，并且确定该基因的表达部位。

2. 若转基因植株无法染色成功，可能是什么原因？如何改变实验方法？

3. GUS 载体除了检测植株表达部位外，思考能否用于其他实验，探究调控序列的功能？（提示：瞬时表达）

## 六、参考文献

巩元勇，冯永坤，倪万潮．2013．植物表达载体 pCAMBIA2300-35S-GUS-CaMVterm 的构建及验证[J]．中国生物工程杂志，33（3）：86-91.

王晓雯，李先碧，张建奎，等．2019．GUS 染色技术在遗传学实验教学中的应用[J]．实验科学与技术，17（4）：92-94.

# 实验六　烟草表皮细胞的蛋白质亚细胞定位

## 一、实验目的

1. 掌握烟草表皮细胞蛋白质定位的实验方法。
2. 了解 GFP（绿色荧光蛋白质）作为报告基因的基本原理。

## 二、实验原理

烟草生长周期短，转基因技术比较成熟且过程简单易操作，因此，常被用来对外源功能基因进行亚细胞定位。将定位载体导入农杆菌中，利用注射法能够在烟草表皮细胞中实现蛋白质的亚细胞定位。

绿色荧光蛋白（green fluorescent protein，GFP），具有荧光性质稳定、方便

观察、对细胞无毒害、无物种特异性等一系列优点，在活体植物细胞中 GFP 能够正常表达，转染后利用激光共聚焦显微镜检测是否产生荧光来判断融合蛋白质的表达与否及其在细胞中的定位。

## 三、实验用品

**1．材料**　　农杆菌菌株（EHA105，已转入目的基因的载体）、本氏烟草（*Nicotiana benthamiana*）。

**2．仪器与用具**　　离心机、摇床、恒温箱、超净工作台、10 ml 注射器、激光共聚焦显微镜等。

**3．试剂**　　2×YT 培养基、1 mol/L 乙酰丁香酮、500 mmol/L 2-（N-吗啉代）乙磺酸、1 mol/L $MgCl_2$、利福平（用 DMSO 溶解配制）等。

## 四、实验步骤

（1）种植 *Nicotiana benthamiana* 烟草。在 16 h 光照/8 h 黑暗，25℃，相对湿度为 70%条件下培养 4～5 周。

（2）将含有目的基因的载体转入农杆菌中。吸取 2 μl 测序正确的质粒转化农杆菌菌株（EHA105），28℃恒温箱中培养 2～3 d（培养基上需要添加 50 μg/ml 的利福平）。

（3）在超净工作台上，挑取含有目的载体的农杆菌单克隆至含有相应抗生素的 2 ml 2×YT 培养基中，设置摇床 28℃、250 r/min 的条件过夜培养。

（4）转移 1 ml 培养的农杆菌菌液至 20 ml 含有相应抗生素的 2×YT 培养基中扩大培养。在 28℃、250 r/min 的条件下培养至农杆菌生长的对数期（$OD_{600}$＝0.4～0.6）。

（5）5000 r/min 离心 15 min 收集菌体，用重悬液[含 10 mmol/L $MgCl_2$，10 mmol/L 2-（N-吗啡啉）乙磺酸（MES），150 μmol/L 乙酰丁香酮，pH＝5.6] 悬浮农杆菌菌体至 $OD_{600}$＝0.4，室温静止 2～3 h。

（6）将重悬液吸入 10 ml 注射器内，用拇指按压注射器反板将液体从叶片下表皮注射到烟草叶片内。注射后，烟草叶片会出现湿润的现象。

（7）注射过的植株于 21℃左右培养 2 d，用激光共聚焦显微镜观察烟草注射农杆菌的区域荧光，进行荧光成像。

## 五、实验作业

1. 思考实验过程中有哪些注意事项。
2. 使目的基因表达达到最佳的关键因素有哪些？
3. 如何确定观察到的荧光图像为目的基因的定位？

## 六、参考文献

Gruber D F, Pieribone V. 2006. Aglow in the Dark: The Revolutionary Science of Biofluorescence[M]. Cambridge: Belknap Press.

# 第八章  作物表型分析实验

## 实验一  作物氮素营养的快速检测方法

### 一、实验目的

1. 学习 SPAD-502 的使用方法。
2. 学习 RapidSCAN CS-45 的使用方法。
3. 了解氮素对水稻生长发育的影响。

### 二、实验原理

氮素是植物生长必需的矿质元素，它是植物体内氨基酸的组成部分，是构成蛋白质的主要成分，也是在植物光合作用中起决定作用的叶绿素的组成部分。核酸、核苷酸、辅酶、磷脂、细胞色素及某些植物激素和维生素中也含有氮，因此，氮在植物生命活动中占有重要地位。当氮素失调时，作物的生长发育将会受到显著影响。本实验以水稻为材料，通过缺氮处理，对水稻叶色进行观察诊断，并测定其他生长形态指标，了解氮素在水稻生长发育中的作用。

SPAD 叶绿素仪由日本 Konica Minolta 公司基于叶绿素对红光（650 nm 左右）的强烈吸收和对远红外光（940 nm 左右）的低吸收而研制的。SPAD 型叶绿素仪是一种方便、快捷的叶片夹工具，它的测量值没有量纲，可以测定不同叶片叶位的相对叶绿素含量，学者也研究了 SPAD 值与作物上层叶片氮含量的关系，发现两者之间存在很好的相关性，可以用于作物氮素营养诊断。

RapidSCAN CS-45 光谱仪是由美国 Holland Scientific 公司开发的主动冠层传感器，自带光源，配置了红光（670 nm）、红边（730 nm）以及近红外光（780 nm）3 个固定的光谱波段，内置光学传感器、数据储存、GPS 等模块。另外，通过调节光源（一秒钟内多次开关光源），传感器能区别自身光信号和周围环境中的光，这使得它能在各种周遭环境，如多云、晴天、阴天或人造光等环境中做出冠层数据测量，测出的反射信号再被传感器用来计算作物量。与其他传感器相比，这种传感器的一个独特之处在与其所测量的光谱反射率不受测量高度变化的影响，该技术称为"虚拟日光反射"（pseudo solar reflectance，PSR），这项技术使得应用该传感器从近地面测试到低空测试成为可能，进行快速的大面积数据获取。前人研究也表明，手持 RapidSCAN CS-45 可用于作物氮素营养指标的快速无损监测。

## 三、实验用品

**1. 材料**　　水稻或小麦植株，种植面积＞2m$^2$。

**2. 仪器与用具**　　SPAD-502 型叶绿素仪、RapidSCAN CS-45、AA3 连续流动分析仪、万分之一天平、研磨机、烘箱等。

## 四、实验步骤

（1）SPAD 测定。根据查苗情况，选择有代表性的水稻植株 10 株，使用 SPAD-502 型叶绿素仪分叶位进行测定，测定顶部 3 或 4 张全展叶，以全展叶的叶长为量度，测定的部位为距叶基部 1/3、1/2、2/3 处，并分别记录 SPAD 读数。测定时注意避开叶脉和叶片边缘。

（2）冠层光谱数据测定。RapidSCAN CS-45 视场角前后方向 15°，左右方向 45°，视场范围为长方形。测定时使传感器探头距离作物冠层的垂直高度大约保持在 0.7 m，并且使探头与地面平行，在按下开关的同时匀速前进，它自带的数据储存模块会自动保存数据，每次结束一个周期后，输出一个平均值，也就是每行测试输出一个平均值，每个小区一般测试 3 次，即测试后输出 3 个平均值。另外，RapidSCAN CS-45 还带有另一个自动测试模式，该模式打开后，每隔 0.4 s 记录一个测试平均值，这样在测试过程中，不断有数据点被记录下来。两种模式都可以输出测试点的经纬度，测试时间，高程数据，以及 670 nm、730 nm、780 nm 三个波段的反射率，植被指数 NDRE 和 NDVI，同时也会提供每个测试点的最大值和最小值以及标准偏差等，这样可以直接排除测试中存在的异常数据。

（3）植株氮素营养测定。分别于测定期，同步在各试验小区分别选取有代表性植株，将样品分离为叶、茎和穗（前期分离出叶和茎），烘箱 105℃条件下杀青 30 min，然后调至 80℃烘干 24 h 至恒重后称量，根据茎蘖数，计算得到水稻/小麦植株和各器官干物重。将烘干称重后的植物样品使用研磨机研磨粉碎，过 1 mm 的筛后于自封袋密封条件下室温保存，用于后续氮含量的测定。使用万分之一天平称取磨好的植株样品 0.1500 g，茎、叶、穗等器官氮含量采用微量凯氏定氮法消煮，使用 AA3 连续流动分析仪（BRAN＋LUEBBE AA3；Germany）测定各器官和植株的全氮含量。根据干物重及氮含量计算水稻/小麦茎、叶、穗及植株的氮积累量。

## 五、实验作业

1. 记录不同施氮水平下水稻植株的叶色、植株高度和干物重，测定植株氮含量及积累量，并用表格形式呈现结果。

2. 记录顶 1～4 叶位 SPAD 值，同一叶片不同测试部位的 SPAD 值，基于不同叶位的测定值，建立 SPAD 原始值及组合指数与植株氮积累量、植株氮含量、叶片氮积累量和叶片氮含量等的定量关系。

3. 记录 RapidSCAN CS-45 单波段反射率、NDRE 和 NDVI 植被指数值，建立 NDRE、NDVI 与植株氮素营养指标的定量关系。

4. 不同施氮量处理的水稻，顶 3 叶和顶 4 叶的 SPAD 大小有何变化趋势？指出 NDRE 和 NDVI 植被指数的变化规律。

## 六、参考文献

李刚华，薛利红，尤娟，等. 2007. 水稻氮素和叶绿素 SPAD 叶位分布特点及氮素诊断的叶位选择[J]. 中国农业科学，40（6）：1127-1134.

Peng S, García F V, Laza R C, et al. 1993. Adjustment for specific leaf weight improves chlorophyll meter's estimate of rice leaf nitrogen concentration[J]. Agron J, 85(5): 987-990.

Wu F, Wu L, Xu F. 1998. Chlorophyll meter to predict nitrogen sidedress requirements for short-season cotton (*Gossypium hirsutum* L.)[J]. Field Crops Res, 56(3): 309-314.

# 实验二　叶面积指数快速测量方法

## 一、实验目的

1. 掌握快速测定叶面积指数（leaf area index，LAI）的方法。
2. 了解叶面积指数对构建作物高光效群体的影响。

## 二、实验原理

单位土地面积上的作物群体生长量是作物经济产量的基础。衡量一个作物群体大小是否适宜，除了考虑植株总数外，更应考虑单位土地面积上作物群体叶面积的大小。叶片是作物进行光合作用、蒸腾作用等生理过程的主要器官，叶面积消长是衡量作物个体和群体生长发育好坏的重要标志。叶面积的大小直接影响作物的光合面积和光合产物，最终影响产量。叶面积是与产量关系最密切、变化最大，同时又是比较容易调控的一个因素，生产上的诸多增产措施（如合理的密、肥、水等技术）增产的关键在于具备适宜的叶面积指数。

叶面积指数是指单位土地面积作物的叶面积大小。其测定方法有多种，像叶形纸称重法、鲜样（干样）称重法、长宽系数法、回归方程法及叶面积仪法等。

图 8-2-1　LI-3100 台式叶面积仪

本实验针对水稻（小麦、玉米等）作物，在其关键生育期采用叶面积仪进行无损叶面积测定，以减少试验误差，保证试验数据的准确度。

实验中主要使用 LI-3100 台式叶面积仪进行测定（图 8-2-1）。该设备具有准确性高，重复性好，可快速、连续测量大量样品等优势，并且对具有穿孔和不规则边缘的叶片也可进行准确测定。

## 三、实验用品

**1. 材料**　　作物植株样品（未失水）。

**2. 仪器与用具**　　LI-3100 台式叶面积仪、米尺、田间植株取样器、剪刀、塑料薄片、保鲜膜等。

**3. 试剂**　　低浓度（50%左右）乙醇等。

## 四、实验步骤

**1. 选取植株**　　于水稻、小麦、玉米等作物生长关键生育期（如抽穗—开花期），普查单位面积单株数量（$N_0$），其中水稻、小麦等普查茎蘖动态，玉米则根据田间种植密度而定。选择长势一致、有代表性的植株（水稻、小麦等按照平均茎蘖数取样），并记录样品的单株数量（$N_S$）。尽快带回室内，并用保鲜膜封存，必要时可适当喷洒凉水，避免叶片失水卷曲。

**2. 叶面积测定**

（1）在 LI-3100 主机上，首先将 EXT BATT 6 V DC 处拨至 230 V 处。此处如果错误将会造成主机严重损害。保险丝螺丝拧开，安装上保险丝，出厂时厂家有可能没有安装保险丝。保险丝在备用件中可以找到。在仪器主机的"ON/OFF"开关关闭状态时将扫描头与主机连接，连接接口在主机的背部面板上，上面有SCANING HEAD 标记，首先对准接口内的针口并向内推进后旋转至拧紧螺丝扣。

（2）充电：将电源线与主机上 AC POWER 处连接进行充电一个晚上，第一次充电可使用 15 h。一般来说，机器在出厂之前已经充满电。机器不使用时，要充满电放置，否则影响电池寿命。在充电时使用对机器没有损害。机器充满电后仪器会自动断电以保护机器。当电池使用时间剩余 1 h 以下时，机器显示屏会显示"LO"。提示需要及时充电。再次充电时，可用 10 h 左右。

（3）当机器启动后，如果显示"CALIBRATION LOST PRESS ANY KEY"，

则说明校准表由于内存断电而丢失，需要重新输入校准数据。具体见下文。

（4）使用测量：用手指按住扫描头上部的把手，把扫描头上部抬起来，并把叶片夹在扫描头上下部中间，利用左手夹住叶片的叶柄处，同时夹住长度编码索一同匀速拉动，直到完全抽出叶片。抽动速度不能高于 1 m/s，如果超过将显示错误信息，可以按面板上的"CLEAR X"键来删除。

（5）显示屏显示分为两行，包括 X 和 Y。X 行显示数值，默认为 AREA（面积，m²）、LEN（长度，cm）、AVWD（平均宽度，cm）或 MXWD（最大宽度，cm）。X 行的右侧显示为数值，左侧显示测量类型，即面积等。

（6）Y 行显示的是累计值，如果想把 X 行的数据累计到 Y 行，应该按"ADD"按钮来进行添加；如果按"SUB"按钮，则把数值从累计值中删去。

（7）如果需要测量的叶片比较多或不方便直接扫描，可以采用透明塑料薄片法，把塑料薄片事先测量以确定其是否对面积有影响，然后把叶片放在两片塑料薄片中间并从扫描头扫过，从而可以测量其面积。

（8）数据存储：首先按"FILE"建立一个文件，文件名将按顺序号自动指定，然后系统要求添加 ENTER REMARK 输入标记，用来标记地点或样地（字母的输入方法：如果希望打入上档字符，首先按"↑"，然后按字母所在按钮即可输入该字符，如果下档字符则按"↓"，再按字符所在按钮），然后进行测量，测量后可以按"STORE X"来存储。

（9）做累计测量后按"STORE Y"来存储累计数据。接下来再按"FILE"键可以关闭这个文件。

（10）阅读已储存的数据：按"VIEW"，系统提示输入文件号和登记号，之后可以按各功能键看不同数据。

（11）删除文件：按"DEL"，系统会提示输入文件号，输入后将删除该文件。

（12）MENU 的功能介绍如下所述。

Memory Available：显示内存空间。

Set I/O：配置 RS-232 接口。

Print Files：从叶面积仪输出文件到计算机中。选中后回车，FROM 输入起始的文件号，THRU 输入结束的文件号即可（注意：此时应该把传输线分别连接在计算机和主机上，并把 1000-90 程序复制到计算机的一个文件夹中，双击 COMM 应用程序，启动后按"F6"给文件起名。之后在执行主机上打印文件即可）。

Delete all Files：删除所有存储的文件。

Config Registers：设置自动清除数据。

Set Clock：设置时间。

LI-3100 Resolution：设置 LI-3100 台式叶面积仪的分辨率。

如果想退出 MENU，可以按除了"ENTER""↑""↓"三个键的任意键即可。

**3. 叶面积指数计算**　　根据样品对应的叶面积大小（$A$，$cm^2$）、每平方米的单株数量（$N_0$）和样品数量（$N_S$），按照以下公式计算：

$$LAI = \frac{A \times N_0}{N_S} \times 10^4$$

**4. 注意事项**

（1）打开开关之前，仔细检查叶面积仪传输带上是否有异物，并采用低浓度（50%左右）乙醇进行清洁处理，同时确保传输带下的反光镜与扫描照相机镜头间无异物阻挡。之后打开开关，进行预热，并检查其稳定性，若数显区域数值稳定（理论值应为"0"）则可开始测定。若数显区域持续变化，则说明仍有异物存在，或者传输带移位，需再次确认。

（2）将植株叶片全部剪下并保证叶面清洁，保持叶片展开，匀速置于传输带上，且应避免相互重叠，通过之后的叶片应及时收集，保证传输带通畅，避免阻塞。待所有叶片通过之后，记录叶面积数据（$A$，$cm^2$）。如有其他样品，按下重置键"reset"后进入下一组。

（3）叶面积测定应选择长势一致的水稻植株取样，同时采完样之后，尽快完成叶面积的测定，避免因叶片卷曲带来的实验误差。

（4）样品量比较大时，做好样品的保存处理，避免叶片卷曲带来的误差，若测定过程中部分叶片发生卷曲，可将整株样品放入水中，同时在叶面喷洒水雾。

（5）设置与调整：首先传送带有上下两片，出厂时传送带放在一个单独的纸筒内，取出后把传送带套在上下传送装置上，并用螺丝拧紧。转动旋转螺丝把下部装置调下，把 3100A 扫描头插入装置中，再固定好旋转螺丝以使扫描头上下两部分与传送带上下两部分紧密接触。连接电源后即可使用。

（6）校准：随机带有 10 $cm^2$ 和 50 $cm^2$ 的校准盘，放在中间位置测量，在测量后如果有差别，可以旋转 CAL ADJ 来调整直到准确为止，通常无须调整。

## 五、实验作业

明确掌握水稻、小麦、玉米等作物关键生育时期特征，进行田间作物群体数量普查、取样，使用叶面积仪测定样品叶面积，计算叶面积指数。

## 六、参考文献

齐波，张宁，赵团结，等. 2015. 利用高光谱技术估测大豆育种材料的叶面积指数[J]. 作物学报，41（7）：1073-1085.

阎广建，胡容海，罗京辉，等. 2016. 叶面积指数间接测量方法[J]. 遥感学报，20（5）：958-978.

# 实验三  作物生物量无损监测方法

## 一、实验目的

1．掌握 CGMD-402 手持传感器测定方法。
2．了解不同作物地上部生物量的变化动态。

## 二、实验原理

自然界存在的每一种物质都能吸收和发射不同波长的电磁波信号，物质的这种特性叫作波谱特性或光谱特性。作物结构组织中的蛋白质、氨基酸、叶绿素及其分子结构中的一些化学键在外界光（自然光和人工光源）的照射下，通过吸收、反射、折射光谱信息中某些特殊波长光谱的能量而发生跃阶、振动响应，从而产生对这些特殊波段的反射、透射特征的不同。而作物对这些特殊波段反射、透射光谱的变化可以反映出该作物的长势情况，这些特殊波段光谱称为作物的敏感波段或敏感波长。作物生长信息光谱无损监测方法就是基于作物的叶片或其他器官组织对不同光谱波段的反射、吸收和透射等光谱特性，利用相应的光谱传感器在接触或不接触作物组织或器官但不损坏作物组织或器官的条件下，获取作物的特征光谱信息，通过对这些信息进行分析处理，建立作物光谱信息与作物长势信息的关系模型，进而实现作物生长信息的无损获取，图 8-3-1 为采用主动式作物生长监测诊断仪测量原理示意图。作物的光谱特性为基于光谱的无损作物生长信息传感器装置的研制提供了理论依据，为后期作物的施肥调控、生产管理提供了一种新的研究方法。

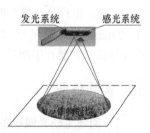

图 8-3-1  主动式作物生长监测诊断仪测量原理示意图

利用作物的光谱敏感特性对作物生长信息进行无损方式的获取主要有 2 种尺度方式：基于单叶尺度方式和基于冠层尺度方式。基于单叶尺度方式主要通过测量作物单片叶子的光谱信息，获取作物生长信息，该方式具有数据可靠性高、外界电磁波影响小、结构简单等优点，但由于需要测量作物单片叶子，测量工作量较大、个体误差较高，仅适用于试验小区、示范区等小范围的作物生长信息监测，难以满足对大规模田间作物生长信息获取的需要；基于冠层尺度方式主要通过测量作物冠层一定区域范围内的光谱信息，获取作物生长信息，该方式由于测量一定区域范围的作物，具有测试范围广、抗干扰能力强和稳定性好等优点。

## 三、实验用品

**1. 材料**　　种植面积＞5m² 的水稻或小麦。

**2. 仪器与用具**　　CGMD-402 作物生长监测诊断仪。

## 四、实验步骤

### 1. 冠层植被指数测定

（1）选择在无风或微风的环境下测试。测试前请给锂电池充满电。

（2）按下"开关"键，出现开机初始化界面。

（3）按下"测量"键，开始初始化，过 3 s 后初始化完成。

（4）仪器初始化完成后，按下"测量"键，开始测试，液晶屏上显示正在测量以及 NDVI 和 RVI 当前值，此时可水平移动监测诊断仪进行测试，再按下"测量"键，结束本次测试，液晶屏上显示测量完成及 NDVI 值和 RVI 值。

（5）按下"监测"键，用于监测作物生长情况，包括 LNC（叶片氮含量，%）、LNA（叶片氮积累量，g/m²）、LAI（叶面积指数）和 LDW（叶干重，kg/m²）。

（6）按下"开关"键，关闭仪器，结束测量。如需测试另一小区，重复步骤（1）～（5）。

### 2. 地上部干物重测定

分别于测定期，同步在各试验小区分别选取有代表性植株，将样品分离为叶、茎和穗（前期分离出叶和茎），烘箱 105℃条件下杀青 30 min，然后调至 80℃烘干 24 h 至恒重后称量，根据茎蘖数，计算得到水稻/小麦植株和各器官干物重。

## 五、实验作业

1. 简述主动光源设备与被动光源设备的区别以及优缺点。

2. 简述不同覆盖度条件下的冠层植被指数 NDVI 和 RVI 的变化动态。

3. 分析 NDVI、RVI 与地上部生物量的定量关系，建立基于植被指数的作物生物量无损监测模型。

## 六、参考文献

李修华，李民赞，崔笛. 2009. 基于光谱学原理的无损式作物冠层分析仪[J]. 农业机械学报，40（1）：252-255.

倪军，王婷婷，姚霞，等. 2013. 作物生长信息获取多光谱传感器设计与试验[J]. 农业机械学报，44（5）：207-212.

# 实验四　作物株高无损检测方法

## 一、实验目的

1. 掌握地面激光雷达的使用方法。
2. 了解不同扫描方式对株高信息的影响。

## 二、实验原理

激光雷达测定法（light detection and ranging，LiDAR）作为主动遥感技术，是一种新兴的获取物体空间数据的方式。根据平台的不同，激光雷达可以分为：地面激光雷达（terrestrial laser scanning，TLS）（图 8-4-1）、机载激光雷达（airborne laser scanning，ALS）、星载激光雷达（satellite laser scanning，SLS）。激光雷达以非接触的方式，快速、高精度地采集大量的目标物体的表面三维点数据，数据形式称为点云（point clouds）。相比传统测量技术，LiDAR 不受时间的限制，具有实时性高、精度高、自动性高等独特优势，广泛地应用于测绘工程、结构测量、工业设计、古文物保护、三维场景重建、采矿业、农林业等方面。

植株高度监测在农林业有着重要的意义，LiDAR 可以有效穿透植被冠层，快速、高精度地获取植被冠层的三维激光点云数据（图 8-4-1）。在获取植被垂直结构参数以及提取生物系数方面有着其他光学遥感无法比拟的优势，激光雷达在植被结构参数的监测方面取得了成功的应用。

图 8-4-1　RIEGL-VZ1000 地面激光雷达测定仪（左图）及原始点云俯视图（右图）

## 三、实验用品

1. **材料**　2 m² 左右连片作物作为待测区。
2. **仪器与用具**　RIEGL-VZ1000 地面激光雷达测定仪、直尺等。

#### 四、实验步骤

（1）站点布置：在数据获取时，由于农作物自身、试验人员的遮挡，导致单次扫描往往无法获取研究区全部信息，并且单次扫描获取的点云数据密度不均匀。因此需要在多个站点进行扫描，以得到完整、均匀的研究区点云数据，一般设置 4 个站点进行数据获取。在获取作物点云数据时，为保证数据的一致性以及获取站点的实际坐标信息，每个仪器架设站点都用外黑内白的标志点标记在地上，并用 GPS 记录其坐标。

（2）扫描模式：在获取数据时可以根据要求设置所需要的扫描模式，扫描模式之间的差异主要体现在其角分辨率的不同，而角分辨率的差异，会影响扫描时间以及所获取的点云精度。地面激光雷达测试模式一般有 40 模式、60 模式和 80 模式，其中 40 模式的角分辨率为 0.04°，即每转过 0.04°获取一个点数据。同理，60 模式的角分辨率为 0.06°，80 模式的角分辨率为 0.08°。

（3）数据处理：在激光雷达软件中对于局部坐标系的定义范围是有限的，不能超过 9999.99 m。因此在需要把坐标系统统一到 WGS-84 坐标系统之下时，需要将坐标系统定义为全局坐标系。采用分步去噪的方法，利用设置高程阈值以及 Deviation 值来去除点云数据中的噪声点。利用随机采样算法对点云数据进行抽稀。

（4）株高提取：冠层高度模型（canopy height model，CHM）是一种描述植被冠层距地面高度的数字表面模型，是植被高度提取的关键。在 GIS 软件中利用冠层点云所构建的数字表面模型减去数字高度模型得到冠层高度，依此来提取株高信息。

#### 五、实验作业

分别采用 40 模式、60 模式和 80 模式扫描，获取植株株高信息，并比较分析激光雷达测定的株高与实测株高的差异。

#### 六、参考文献

段祝庚，肖化顺，袁伟湘. 2016. 基于离散点云数据的森林冠层高度模型插值方法[J]. 林业科学，52（9）：86-94.

王树根，张剑清，潘励. 2006. 摄影测量学[M]. 武汉：武汉大学出版社.

# 第九章 作物品质生理生态实验

## 实验一 稻米碾磨品质的测定

### 一、实验目的

1. 了解并掌握出糙率、精米率和整精米率的概念和计算方法。
2. 比较不同品种稻米的碾磨品质。

### 二、实验原理

糙米是指稻谷脱壳之后的米粒。出糙率是指净稻谷脱壳后的糙米（其中不完善粒折半计算）质量占试样质量的百分率。

精米是指糙米去掉胚片和糠屑之后的米粒。精米率是指净糙米去掉胚片和糠屑后的精米质量占试样质量的百分率。

整精米是指糙米碾磨成精度为国家标准一等米时，米粒产生破碎，其中长度仍达到完整精米粒平均长度的 4/5 及以上的米粒。整精米率是指整精米占净稻谷试样质量的百分率。

### 三、实验用品

1. **材料**　粳稻谷粒、籼稻谷粒。

注意：加工的稻谷需扬净稻草、瘪粒，并除去砂石、泥块、铁屑等混杂物。稻谷品种纯度不得低于 99.0%。

2. **仪器与用具**　实验室用砻谷机、实验室用 TZ3.0 型碾米机、1.0 mm 圆孔筛等。

### 四、实验步骤

1. **出糙率计算**

（1）根据待测样品谷粒的厚度，调节砻谷机滚轮（或辊子）的间距（一般为 0.50～1.00 mm），使样品经二次处理后，基本上脱壳完全。

（2）机器空转数圈，以清除机内残留的稻谷和米粒。

（3）称取 100.00 g（或者 50.00 g）稻谷，倒入进样漏斗中，打开电源开关，调节进样闸口，使样品均匀进入机内脱壳。

（4）经二次脱壳后，检出样品中残留的谷粒并称其糙米和谷粒的重量，精确到 0.01 g。

（5）结果计算（重复测定一次，求出二次出糙率的平均值。前后二次测定结果的相对相差不应大于 1%）。

$$出糙率 = \frac{糙米重（g）}{试样谷重（g）} \times 100\%$$

**2. 精米率计算**

（1）称取 20.00 g 糙米，精确到 0.01 g，放入碾米机的碾米室内。

（2）调节定时器的碾米时间（60 s×2 或 70 s×2），使碾米精度达国家标准一等米的水平。

（3）碾磨后的米样经手工除去糠块，再用 1.0 mm 圆孔筛除去胚片和糠屑。

（4）待米样冷却至室温后，称精米重，精确到 0.01 g。

（5）结果计算。重复测定一次，求出精米率平均值，两次测定结果相对相差应不超过 2%。

$$精米率 = \frac{精米重}{糙米重} \times 出糙率$$

**3. 整精米率计算**

（1）借助于筛子，自以上精米样品中人工分离出整精米，称重，精确到 0.01 g。

（2）结果计算（重复测定一次，求出整精米率平均值。两次测定结果相对相差应不超过 2%）。

$$整精米率 = \frac{整精米重}{糙米重} \times 出糙率$$

# 五、实验作业

1. 计算两个品种稻米的出糙率、精米率和整精米率，结果以表格形式呈现。

2. 分析评价两个品种稻米的碾磨品质，并谈谈可以从哪些方面来提高稻米的碾磨品质（一点即可）。

# 六、参考文献

邱先进，彭波，余四斌．2018．水稻品质性状测定．Bio-101e1010163. Doi: 10.21769/ Bioprotoc.1010163.

国家标准化管理委员会，国家市场监督管理总局．2018．大米：GB/T 1354-2018[S]．北京：中国标准出版社．

# 实验二　稻米外观品质的测定

## 一、实验目的

1. 掌握稻米粒长宽的测量方法和长宽比的计算方法。
2. 了解并掌握垩白的概念、形成原因，以及垩白度的概念和计算方法。
3. 比较不同品种稻米的外观品质。

## 二、实验原理

1. 稻米长宽比是指整精米长度和宽度的平均值之比（精米的长度是指整精米粒两端间的最大距离；宽度是指米粒最宽处的距离）。
2. 垩白是指稻米胚乳中组织疏松而形成的白色不透明的部分。
3. 垩白度是指垩白度是指整精米样品中垩白的面积占样品总面积的百分比。

## 三、实验用品

1. **材料**　　粳稻整精米、籼稻整精米。
2. **仪器与用具**　　游标卡尺、稻米净度工作台、聚光灯（台灯）等。

## 四、实验步骤

**1. 粒长粒宽测量**

（1）从整精米样品中随机取出整精米 10 粒，在游标卡尺上读出米粒的长度和宽度，以 mm 为单位，读数精确至 0.01 mm。

（2）计算公式如下。重复测定一次，求得两次长宽比的平均值。两次相对相差应不大于 0.1 mm。

$$长宽比 = \frac{米粒平均长度（mm）}{米粒平均宽度（mm）}$$

**2. 垩白度计算**

（1）垩白米率。从整精米样品中随机取出整精米 100 粒，置于稻米净度工作台上，在聚光灯下观察，拣出有垩白（包括心白、腹白、背白）的米粒，按公式求出垩白米的百分率。重复一次，取两次测定的平均值，即为垩白米率。

$$垩白米率 = \frac{垩白米粒数}{总粒数} \times 100\%$$

（2）垩白大小。随机取垩白米 10 粒，在聚光灯下平放，逐粒目测垩白面积占整个籽粒面积的百分数，求出垩白面积的平均值。重复一次，两次测定结果的

平均值即为垩白大小

（3）垩白度计算如下所示：

$$垩白度＝垩白米率×垩白大小$$

## 五、实验作业

1．以表格形式将稻米的外观品质测定结果呈现出来。

2．分析评价两个品种稻米的外观品质，并谈谈如何减少稻米垩白的产生（至少两点）。

## 六、参考文献

邱先进，彭波，余四斌．2018．水稻品质性状测定．Bio-101e1010163．Doi: 10.21769/ Bioprotoc.1010163．

# 实验三　稻米食味品质人工品尝实验

## 一、实验目的

1．了解稻米食味品质测定方法。

2．比较不同品种稻米的食味品质。

## 二、实验原理

稻米食味品质的评价方法可分为两类，一类是通过仪器测定，在日本、美国等发达国家已有专门用于鉴定米饭食味的仪器，如丰田味度仪、近红外味度仪、质地分析仪等。另一类是感官评价，感官评价要请训练有素的品尝人员品评米饭的色、香、味、外观、黏度、硬度等，供试样品尽可能在相同条件下蒸煮，结果以语言或综合评分的方法来表示。

稻米食味是指人们对米饭的视觉、嗅觉、味觉、触觉等的综合反应。视觉指米饭的颜色、光泽、粒型等外观特性；嗅觉指米饭的香味，对食欲起关键作用；味觉指舌部对米饭的感觉（酸、甜、苦等）；触觉指米饭的黏度、硬度等物理特性。

## 三、实验用品

1．**材料**　　4个不同品种的稻米（1个参比样品，3个测试样品）。

2．**仪器与用具**　　电饭锅4个、品尝托盘若干等。

## 四、实验步骤

参照国家标准《粮油检验　稻谷、大米蒸煮食用品质感官评价方法》（GB/T

15682—2008），此次试验评价表格得到了修改，米水比例为 3∶4（即 3 杯米和 4 杯水，杯子为配套量米杯）。

**1．具体简化操作步骤**

（1）洗米：将去除碎米后的稻米盛 3 杯倒入电饭锅内胆中，加入自来水淘洗 3 遍（顺时针旋转 10 圈、逆时针旋转 10 圈），沥干水分。

（2）蒸煮：加入 4 杯纯净水，接通电源，打开电饭锅自动蒸煮程序，蒸煮过程中不得打开电饭锅，蒸煮结束电饭锅自动关闭并发出警报，再焖制 10 min。用饭勺搅拌煮好的米饭，使米饭与锅壁分离。

（3）盛放：将米饭按照序号依次放在托盘相应位置。

（4）品评：4 个样品（1 个参比样品，3 个测试样品），品尝环境要干净卫生、品尝时间要在饭后 2 个小时或饭前 1 个小时进行。

**2．注意事项**　　稻米要过筛去除碎米，煮米水需用纯净水，品尝托盘垫上吸油纸以便更好清理托盘。

## 五、实验作业

1．完成米饭感官评价评分记录表（表 9-3-1），以表 9-3-2 为参考。

**表 9-3-1　米饭感官评价评分记录表**

品评组标号：＿＿＿姓名：＿＿＿性别：＿＿＿年龄：＿＿＿出生地：＿＿＿品评时间：＿＿＿年＿＿＿月＿＿＿日＿＿＿时＿＿＿分

参照样品：1　　　试样标号：

| 项目 | | 与参照样品比较 | | | | | | |
| --- | --- | --- | --- | --- | --- | --- | --- | --- |
| | | 低 | | | 参照样品 | 高 | | |
| | | 最 | 较 | 稍 | | 稍 | 较 | 最 |
| | 评分 | −3 | −2 | −1 | 0 | +1 | +2 | +3 |
| 气味 | 香气 | | | | | | | |
| | 颜色 | | | | | | | |
| 外观结构 | 光泽 | | | | | | | |
| | 饭粒完整性 | | | | | | | |
| 适口性 | 黏性 | | | | | | | |
| | 弹性 | | | | | | | |
| | 硬度 | | | | | | | |
| 综合口感 | | | | | | | | |

**表 9-3-2　米饭感官评价内容与描述**

| 备注 | | |
| --- | --- | --- |
| | 评价内容 | 描述 |
| 气味 | 特有气味 | 香气浓郁；香气清淡；无香气 |
| | 有异味 | 陈米味和不愉快味 |

续表

| 备注 | | |
|---|---|---|
| 评价内容 | | 描述 |
| 外观结构 | 颜色 | 颜色正常，米饭洁白；颜色不正常，发黄、发灰 |
| | 光泽 | 表面对光反射的程度：有光泽、无光泽 |
| | 饭粒完整性 | 保持整体的程度：结构紧密；部分结构紧密；部分饭粒爆花 |
| 适口性 | 黏性 | 黏附牙齿的程度：爽滑、黏性、有无粘牙 |
| | 硬度 | 白齿对米饭的压力：软硬适中；偏硬或偏软 |
| | 弹性 | 有嚼劲；无嚼劲；疏松；干燥、有渣 |

2. 分析评价 4 个品种稻米的食味品质，并谈谈影响稻米食味品质的因素可能有哪些（至少三点）。

## 六、参考文献

中华人民共和国国家质量监督检验检疫总局，中国国家标准化管理委员会. 2008. 粮油检验 稻谷、大米蒸煮食用品质感官评价方法: GB/T15682—2008[S]. 北京: 中国标准出版社.

# 实验四　蛋白质组分的测定

## 一、实验目的

1. 了解蛋白质组分的分类。
2. 掌握考马斯亮蓝 G250 测定可溶性蛋白质的方法。
3. 了解稻米的蛋白质组分。

## 二、实验原理

植物种子蛋白质的 85%～90% 是储藏蛋白，根据其溶解性划分为 4 种类型，即清蛋白溶于水和稀盐溶液；球蛋白不溶于水，但溶于稀盐溶液；醇溶蛋白不溶于水，但溶于 70%～80% 乙醇；谷蛋白不溶于水、醇，但溶于稀酸和稀碱中。根据蛋白质组分在不同溶剂中的溶解性，可按顺序用蒸馏水、稀盐、乙醇、稀碱提取清蛋白、球蛋白、醇溶蛋白和谷蛋白，分别收集提取液，再用考马斯亮蓝 G250 或其他方法测定蛋白质组分，本实验采用考马斯亮蓝 G250 法测定。

考马斯亮蓝 G250 染料在酸性溶液中与蛋白质结合变为蓝色，在 595 nm 处出现最大吸收峰，蓝色的深浅与溶液中的蛋白质含量（1～1000 μg）成正比。

## 三、实验用品

**1．材料**  水稻种子（去壳磨成粉，也叫米粉）。

**2．仪器与用具**  分光光度计、万分之一天平、离心机、玻璃棒、摇床、水浴锅、10 ml 试管、1.5 ml 离心管、容量瓶（10 ml、100 ml 和 1 L）等。

**3．试剂**  考马斯亮蓝 G250、牛血清白蛋白、90%乙醇、70%乙醇、85%（$m/V$）磷酸、HCl、Tris、5%和 0.9%的 NaCl 溶液、NaOH、蒸馏水等。

## 四、实验步骤

**1．配制溶液**

（1）考马斯亮蓝 G250 溶液：100 mg 考马斯亮蓝 G250 溶入 50 ml 体积分数为 90%的乙醇中，转移至 1 L 容量瓶中，加入 100 ml 85%（$m/V$）的磷酸，加蒸馏水定容至 1 L，贮于棕色瓶中（避光保存）。

（2）标准蛋白质溶液（0.1 mg/ml）。10 mg 牛血清白蛋白用质量分数为 0.9%的氯化钠溶解，定容至 100 ml。

**2．蛋白质组分提取**

（1）清蛋白提取：称取 0.1 g 米粉于 1.5 ml 离心管中，加 1 ml 蒸馏水，于摇床上振荡提取 2 h，然后在 10 000 r/min 条件下离心 10 min，将上清液倾入 10 ml 刻度试管中，重复提取 3 次，合并提取液。

（2）球蛋白提取：在提取过清蛋白的米粉沉淀中加 1 ml 5%氯化钠溶液，其余步骤同清蛋白的提取。

（3）醇溶蛋白提取：在提取过球蛋白的米粉沉淀中加 1 ml 70%的乙醇溶液，其余步骤同清蛋白的提取。

（4）谷蛋白提取：在提取过醇溶蛋白的米粉沉淀中加 1 ml 0.2%的氢氧化钠溶液，于摇床上振荡提取 2 h，然后在 12 000 r/min 条件下离心 10 min，将上清液倾入 10 ml 容量瓶中，重复提取 3 次，合并提取液。

**3．测定**  清蛋白、球蛋白和醇溶蛋白提取液中分别加 1 ml 0.1%考马斯亮蓝 G250 比色液，定容至 10 ml，于 595 nm 处比色。

吸取 3 ml 谷蛋白提取液，加 1 ml 0.1%考马斯亮蓝 G250 比色液，定容至 10 ml，于 595 nm 处比色。

**4．标准曲线绘制**  取 6 支有盖的离心管，按表 9-4-1 加入 0.1 mg/ml 标准蛋白溶液和蒸馏水。混匀后分别加入 5 ml 考马斯亮蓝 G250 溶液，摇匀，并放置 5 min 左右，在 595 nm 下比色测定吸光度。以蛋白质浓度为横坐标，吸光度为纵坐标绘制标准曲线。

**5. 蛋白质含量的计算**

$$蛋白质含量（mg/g）= \frac{\dfrac{C \times V}{V_d} \times V_t}{W_s \times 1000}$$

式中，$C$ 为待测液（含显色剂）浓度，通过标准曲线表格中最后一列数值与 OD 回归曲线函数获得（μg/ml）；$V$ 为待测液体积（ml）；$V_d$ 为从提取液中分取的体积（ml）；$V_t$ 为提取液的总体积（ml）；$W_s$ 为称取的样品重量（g）。

**表 9-4-1　蛋白质溶液标准曲线配制表**

| 试剂 | 管号 | | | | | |
| --- | --- | --- | --- | --- | --- | --- |
| | 1 | 2 | 3 | 4 | 5 | 6 |
| 标准蛋白质溶液（ml） | 0 | 0.2 | 0.4 | 0.6 | 0.8 | 1.0 |
| 蒸馏水（ml） | 1.0 | 0.8 | 0.6 | 0.4 | 0.2 | 0 |
| 蛋白质含量（μg/ml） | 0 | 20 | 40 | 60 | 80 | 100 |

## 五、实验作业

1. 将计算结果绘制成表格，并对样品的蛋白质组分进行描述。
2. 提取蛋白质的顺序是否可以调换？为什么？

## 六、参考文献

徐庆国，童浩，胡晋豪，等. 2015. 稻米蛋白质组分含量的品种差异及其与米质的关系[J]. 湖南农业大学学报（自然科学版），41（1）：7-11.

# 实验五　氨基酸的测定

## 一、实验目的

1. 掌握盐酸水解法测定氨基酸的原理和方法。
2. 学习 L-8900 氨基酸自动分析仪的使用方法。

## 二、实验原理

蛋白质经盐酸水解成为游离氨基酸，样品中的氨基酸在色谱柱上保留，当不同的缓冲液进入色谱柱时，因溶液的 pH、离子强度、柱温以及氨基酸本身的性质不同而使各种氨基酸得以分离。分离后的氨基酸与茚三酮试剂在高温反应器中发生衍生反应，生成可以被分光光度计检测的有色物质，然后在检测器中被检测出来。

## 三、实验用品

**1. 材料**　植株样品（米粉）。

**2. 仪器与用具**　L-8900 氨基酸自动分析仪、样品粉碎机、干燥器、烘箱、冰箱、溶剂过滤器、10 ml 气相色谱顶空进样瓶、1.5 ml 进样瓶、100 ml 容量瓶（带塞子）、1 L（2 L）容量瓶、100 ml 烧杯、1 ml 注射器、0.22 μm 水系针头过滤器、2 ml 离心管、10 ml 小烧杯等。

**3. 试剂**　0.02 mol/L 和 6 mol/L HCl、超纯水等。

## 四、实验步骤

（1）植株样品在 105℃杀青 30 min 后，80℃烘至恒重（前期籽粒温度不要超过 60℃）。也可以液氮淬灭以后，冷冻干燥。磨成粉过 80 目筛后，贮存在 4℃待测。

（2）准确称取 100 mg 糙米粉于气相色谱顶空进样瓶（以米粉为例，其他样品根据蛋白质含量转换）中，先加入少量 6 mol/L HCl，迅速充分摇匀后，再加HCl 于气相色谱顶空进样瓶至瓶颈处，不宜过满，充入氮气立即盖紧盖子。

（3）在 110℃±1℃下水解 22～24 h 后冷却（中间不能降温或关烘箱），转移至100 ml 容量瓶，至少洗涤 3 次，使用超纯水定容至 100 ml，盖上塞子，静置 2 h。

（4）取 1 ml 于 10 ml 小烧杯中，将烧杯放入干燥器，抽真空干燥后溶解于 1 ml 0.02 mol/L HCl 中，经 1 ml 注射器和 0.22 μm 过滤器至 1.5 ml 进样瓶，上机分析。

（5）标准样品的制备：吸取 1 ml 氨基酸标液，加 24 ml 0.02 mol/L HCl 稀释，分装于 25 管 2 ml 离心管中，放于 −20℃冰箱中，每次测定取出一管融化即可使用。

（6）数据处理。

$$样品中氨基酸含量\,(X,\,\mathrm{g/100g}) = \dfrac{\dfrac{C_0}{V_0} \times \dfrac{A}{A_0} \times F \times V \times M}{m \times 10^9} \times 100$$

式中，$C_0$ 为进入仪器测定的标准液中氨基酸的摩尔数（nmol/20 μl）；$A_0$ 为标准峰面积；$A$ 为样品峰面积；$F$ 为样品稀释倍数；$V_0$ 为进样量（20 μl）；$V$ 为水解后样品定容体积（ml）；$M$ 为氨基酸分子量；$m$ 为样品质量（g）；$10^9$ 为 ng 换算成 g的系数。

## 五、实验作业

1. 请将样品中氨基酸测定的结果以表格形式呈现。

2. 蛋白质由氨基酸组成，但利用凯氏定氮法测得的蛋白质含量与利用氨基酸测定结果计算出的蛋白质含量不能完全吻合，可能的原因是什么？

## 六、参考文献

中华人民共和国卫生部，中国国家标准化管理委员会．2003．食品中氨基酸的测定：GB/T5009.124-2003[S]．北京：中国标准出版社．

日立高速氨基酸分析仪使用说明书（https://www.hitachi-hightech.com/cn）．

Zhao Y L, Xi M, Zhang X C, et al. 2015. Nitrogen effect on amino acid composition in leaf and grain of japonica rice during grain filling stage[J]. Journal of Cereal Science, 64: 29-33.

# 实验六　直链淀粉和支链淀粉含量的测定

## 一、实验目的

1. 掌握直链淀粉和支链淀粉含量测定的原理与方法。
2. 明确不同分散时间或分散温度对直链淀粉和支链淀粉含量的影响。

## 二、实验原理

根据双波长比色原理，若试样溶液在两个波长处均有吸收，则两个波长处的吸光度差值与溶液中待测物质的浓度成正比。淀粉与碘形成螺旋状碘-淀粉复合物，并具有特殊的颜色反应。其中支链淀粉与碘生成紫红-棕红色复合物，直链淀粉与碘生成深蓝色复合物。因此两种淀粉与碘作用时会产生不同的光学特性，从而表现出特定的吸收谱及吸收峰。

## 三、实验用品

**1. 材料**　　玉米籽粒（普通玉米、糯玉米）。

**2. 仪器与用具**　　电子天平、烧杯、容量瓶、滤纸、索氏脂肪抽提器、pH 计、恒温水浴锅、样品粉碎机、紫外-可见分光光度计、鼓风干燥箱等。

**3. 试剂**　　直链/支链淀粉标准样品、石油醚、无水乙醇、0.1 mol/L（2 mol/L）盐酸溶液、0.5 mol/L 氢氧化钾溶液、碘试剂（称取 2.0 g 碘化钾溶于少量蒸馏水中，加 0.2 g 碘，待溶解后加水定容至 100 ml）、蒸馏水等。

## 四、实验步骤

**1. 玉米样品的处理**　　样品磨粉并过 60 目筛，将玉米籽粒样品置于鼓风干燥箱中 60℃烘干至恒重，测得含水量为 $W_1$（%）。称取 1 g 样品放入索氏脂肪抽提器中，加入 50 ml 石油醚，加热回流脱脂 4 h，然后放入鼓风干燥箱中烘干至恒重，测得粗脂肪含量 $W_2$（%）。

**2. 淀粉标准曲线的制作**　　准确称取直链/支链淀粉标准样品 100 mg 于 100 ml 烧杯中，加入少量无水乙醇湿润，再加入 0.5 mol/L 氢氧化钾溶液 10 ml，于 85℃水浴中充分搅拌 10 min 后转入容量瓶中用蒸馏水定容至 100 ml，摇匀并静置，即为 1 mg/ml 的直链/支链淀粉标准液。分别取直链淀粉标准液 0.3 ml、0.5 ml、0.7 ml、0.9 ml、1.1 ml、1.3 ml 于 100 ml 烧杯中，加蒸馏水 25 ml，以 0.1 mol/L 盐酸溶液调 pH 至 3.0，加 0.5 ml 碘试剂，转移至容量瓶中并用蒸馏水定容至 50 ml，室温下静置 25 min。以蒸馏水作空白，采用双波长分光光度法在测定波长 629 nm、参比波长 463 nm 下分别测定吸光值。以直链淀粉浓度为横坐标，以 $\Delta A_直 = A_{629} - A_{463}$ 为纵坐标，绘制直链淀粉含量的标准曲线。

分别取支链淀粉标准液 2.0 ml、2.5 ml、3.0 ml、3.5 ml、4.0 ml、4.5 ml、5.0 ml 于 100 ml 烧杯中，此后步骤同直链淀粉，得到不同浓度的标准溶液系列，以蒸馏水作空白，采用双波长分光光度法在测定波长 553 nm、参比波长 738 nm 下分别测定吸光值。以支链淀粉浓度为横坐标，以 $\Delta A_支 = A_{553} - A_{738}$ 为纵坐标，绘制支链淀粉含量的标准曲线。

**3. 淀粉含量的测定**　　准确称取 100 mg 脱脂样品，加入 0.5 mol/L 氢氧化钾 10 ml，将烧杯置于 85℃水浴中充分搅拌 10 min，冷却后用蒸馏水在 50 ml 容量瓶中定容（若有泡沫用乙醇消除），摇匀静置 15 min 后过滤。精准量取 5 ml 滤液至 100 ml 烧杯中，加入 25 ml 蒸馏水，以 2 mol/L 和 0.1 mol/L 盐酸调节 pH 至 3.0，加入 0.5 ml 碘试剂，用蒸馏水定容至 50 ml。室温下静置 20 min 后，以蒸馏水作空白，测定吸光值。其中直链淀粉测定波长为 629 nm 和 463 nm，支链淀粉测定波长为 553 nm 和 738 nm。再根据回归方程分别求出玉米籽粒中直链淀粉和支链淀粉的含量，计算公式如下。

$$直链淀粉含量 = \frac{Y_1 \times 50 \times 50}{5 \times (M \times 1000) \times (1 - W_1 - W_2)} \times 100\%$$

$$支链淀粉含量 = \frac{Y_2 \times 50 \times 50}{5 \times (M \times 1000) \times (1 - W_1 - W_2)} \times 100\%$$

式中，$Y_1$、$Y_2$ 分别为直链、支链淀粉浓度（μg/ml）；50 为两次定容的体积（ml）；5 为吸取滤液的体积（ml）；$M$ 为称取的脱脂样品的质量（mg）；$W_1$ 为 60℃下的含水量（%）；$W_2$ 为粗脂肪含量（%）。

**4. 注意事项**

（1）测定样品与绘制标准曲线时的温度相差不能超过 1℃。

（2）碘试剂注意密封避光保存。

（3）因蜡质和非蜡质支链淀粉复合物颜色差异较大，在制备支链淀粉标准曲线时，应根据测定的谷物类型选择不同支链淀粉标准品（蜡质或非蜡质型）。

## 五、实验作业

查阅有关资料，进行试验设计和实施，明确不同分散时间或分散温度对玉米直、支链淀粉百分含量的影响。

## 六、参考文献

林美娟，宋江峰，李大婧，等．2010．用双波长分光光度法测定鲜食玉米中直链淀粉和支链淀粉含量[J]．江西农业学报，22（12）：117-119.

# 实验七　小麦粉面团流变学特性的测定——粉质仪法

## 一、实验目的

1. 了解电子型粉质仪的操作方法和步骤。
2. 掌握小麦粉面团流变学特性测定方法。

## 二、实验原理

用粉质仪测量和记录小麦粉加水后面团形成及扩展过程中稠度随时间的变化规律。根据面粉吸水率、面团形成时间、面团稳定时间以及面团弱化度等指标，评价面粉筋力强度和吸水量高低。

## 三、实验用品

**1. 材料**　　小麦粉/面粉。
**2. 仪器与用具**　　电子型粉质仪（以布拉本德为例）、天平（感量 0.01 g）等。
**3. 试剂**　　水等。

## 四、实验步骤

（1）仪器准备及调整。接通粉质仪控温装置电源并使水循环，揉面钵达到所需温度（30℃左右）。

（2）称样及制备面团。在称量面粉之前，测定面粉的水分含量。确定面粉的水分含量后，根据下面公式计算面粉重量。

$$M = m \cdot \frac{86}{100 - F}$$

式中，$M$ 为加入揉面钵的面粉实际重量（g）；$m$ 为水分含量是 14% 的面粉重量（如

50 或 300，g）；$F$ 为面粉样品的水分含量（%）。

　　根据面粉实际水分含量，计算的相当于水分含量为 14% 的 300 g 面粉以及 50 g 面粉的重量分别列于表 9-7-1 和表 9-7-2。

　　（3）测定。将小麦粉（相当于 14% 含水量的面粉）全部倒入粉质仪的揉混器中，盖好盖子，启动揉混器，转动 1 min 揉混小麦粉，当笔尖正好处于记录纸上整分刻度线时，立即用滴定管自揉混器右前角加水，至面团稠度为 500 FU± 20 FU 为止，并于 25 s 内完成（如果稠度不在这个范围之内，需要重新进行测试）。机器运行到 20 min 左右时，测试结束，保存数据。拆卸，清洗 20 min，擦干，装好，揉面钵重新进入恒温状态，开始下一个样品的测定。

表 9-7-1　根据面粉实际水分含量计算的相当于 300 g 水分含量为 14% 的面粉重量

| 水分含量（%） | 面粉重量（g） | 水分含量（%） | 面粉重量（g） | 水分含量（%） | 面粉重量（g） |
|---|---|---|---|---|---|
| 9.0 | 283.5 | 12.0 | 293.2 | 15.0 | 303.5 |
| 9.1 | 283.8 | 12.1 | 293.5 | 15.1 | 303.9 |
| 9.2 | 284.1 | 12.2 | 293.8 | 15.2 | 304.2 |
| 9.3 | 284.5 | 12.3 | 294.2 | 15.3 | 304.6 |
| 9.4 | 284.8 | 12.4 | 294.5 | 15.4 | 305.0 |
| 9.5 | 285.1 | 12.5 | 294.9 | 15.5 | 305.3 |
| 9.6 | 285.4 | 12.6 | 295.2 | 15.6 | 305.7 |
| 9.7 | 285.7 | 12.7 | 295.5 | 15.7 | 306.0 |
| 9.8 | 286.0 | 12.8 | 295.9 | 15.8 | 306.4 |
| 9.9 | 286.3 | 12.9 | 296.2 | 15.9 | 306.8 |
| 10.0 | 286.7 | 13.0 | 296.6 | 16.0 | 307.1 |
| 10.1 | 287.0 | 13.1 | 296.9 | 16.1 | 307.5 |
| 10.2 | 287.3 | 13.2 | 297.2 | 16.2 | 307.9 |
| 10.3 | 287.6 | 13.3 | 297.6 | 16.3 | 308.2 |
| 10.4 | 287.9 | 13.4 | 297.9 | 16.4 | 308.6 |
| 10.5 | 288.3 | 13.5 | 298.3 | 16.5 | 309.0 |
| 10.6 | 288.6 | 13.6 | 298.6 | 16.6 | 309.4 |
| 10.7 | 288.9 | 13.7 | 299.0 | 16.7 | 309.7 |
| 10.8 | 289.2 | 13.8 | 299.3 | 16.8 | 310.1 |
| 10.9 | 289.6 | 13.9 | 299.7 | 16.9 | 310.5 |
| 11.0 | 289.9 | 14.0 | 300.0 | 17.0 | 310.8 |
| 11.1 | 290.2 | 14.1 | 300.3 | 17.1 | 311.2 |
| 11.2 | 290.5 | 14.2 | 300.7 | 17.2 | 311.6 |
| 11.3 | 290.9 | 14.3 | 301.1 | 17.3 | 312.0 |
| 11.4 | 291.2 | 14.4 | 301.4 | 17.4 | 312.3 |

续表

| 水分含量（%） | 面粉重量（g） | 水分含量（%） | 面粉重量（g） | 水分含量（%） | 面粉重量（g） |
|---|---|---|---|---|---|
| 11.5 | 291.5 | 14.5 | 301.8 | 17.5 | 312.7 |
| 11.6 | 291.9 | 14.6 | 302.1 | 17.6 | 313.1 |
| 11.7 | 292.2 | 14.7 | 302.5 | 17.7 | 313.5 |
| 11.8 | 292.5 | 14.8 | 302.8 | 17.8 | 313.9 |
| 11.9 | 292.8 | 14.9 | 303.2 | 17.9 | 314.3 |

表 9-7-2  根据面粉实际水分含量计算的相当于 50 g 水分含量为 14%的面粉重量

| 水分含量（%） | 面粉重量（g） | 水分含量（%） | 面粉重量（g） | 水分含量（%） | 面粉重量（g） |
|---|---|---|---|---|---|
| 9.0 | 47.3 | 12.0 | 48.9 | 15.0 | 50.6 |
| 9.1 | 47.3 | 12.1 | 48.9 | 15.1 | 50.6 |
| 9.2 | 47.4 | 12.2 | 49.0 | 15.2 | 50.7 |
| 9.3 | 47.4 | 12.3 | 49.0 | 15.3 | 50.8 |
| 9.4 | 47.5 | 12.4 | 49.1 | 15.4 | 50.8 |
| 9.5 | 47.5 | 12.5 | 49.1 | 15.5 | 50.9 |
| 9.6 | 47.6 | 12.6 | 49.2 | 15.6 | 50.9 |
| 9.7 | 47.6 | 12.7 | 49.3 | 15.7 | 51.0 |
| 9.8 | 47.7 | 12.8 | 49.3 | 15.8 | 51.1 |
| 9.9 | 47.7 | 12.9 | 49.4 | 15.9 | 51.1 |
| 10.0 | 47.8 | 13.0 | 49.4 | 16.0 | 51.2 |
| 10.1 | 47.8 | 13.1 | 49.5 | 16.1 | 51.3 |
| 10.2 | 47.9 | 13.2 | 49.5 | 16.2 | 51.3 |
| 10.3 | 47.9 | 13.3 | 49.6 | 16.3 | 51.4 |
| 10.4 | 48.0 | 13.4 | 49.7 | 16.4 | 51.4 |
| 10.5 | 48.0 | 13.5 | 49.7 | 16.5 | 51.5 |
| 10.6 | 48.1 | 13.6 | 49.8 | 16.6 | 51.6 |
| 10.7 | 48.2 | 13.7 | 49.8 | 16.7 | 51.6 |
| 10.8 | 48.2 | 13.8 | 49.9 | 16.8 | 51.7 |
| 10.9 | 48.3 | 13.9 | 49.9 | 16.9 | 51.7 |
| 11.0 | 48.3 | 14.0 | 50.0 | 17.0 | 51.8 |
| 11.1 | 48.4 | 14.1 | 50.1 | 17.1 | 51.9 |
| 11.2 | 48.4 | 14.2 | 50.1 | 17.2 | 51.9 |
| 11.3 | 48.5 | 14.3 | 50.2 | 17.3 | 52.0 |
| 11.4 | 48.5 | 14.4 | 50.2 | 17.4 | 52.1 |
| 11.5 | 48.6 | 14.5 | 50.3 | 17.5 | 52.1 |

续表

| 水分含量（%） | 面粉重量（g） | 水分含量（%） | 面粉重量（g） | 水分含量（%） | 面粉重量（g） |
|---|---|---|---|---|---|
| 11.6 | 48.6 | 14.6 | 50.4 | 17.6 | 52.2 |
| 11.7 | 48.7 | 14.7 | 50.4 | 17.7 | 52.2 |
| 11.8 | 48.8 | 14.8 | 50.5 | 17.8 | 52.3 |
| 11.9 | 48.8 | 14.9 | 50.5 | 17.9 | 52.4 |

根据需要进行重复测定，直至两次揉混符合：①25 s 内完成加水操作；②最大稠度为 480~520 FU；③如果需要报告弱化度，则在到达形成时间（9.2 min）后继续记录至少 12 min。

（4）主要指标说明，评价指标见表 9-7-3。

表 9-7-3 国际谷物科技协会（ICC）标准的粉质参数指标及定义

| 粉质参数 | 指标定义 |
|---|---|
| 稠度 | 加入一定量的水后，面团所达到的黏稠度<br>这个黏稠度（最大黏稠度的曲线中心点）可能与理想食品加工的面团黏稠度不同（大多为 500 FU） |
| 吸水率 | 使面团黏稠度达到 500 FU 所需的加水量，用%表示 |
| 形成时间 | 从开始加水测试到面团开始软化的曲线中心点所用的时间<br>瑞士评价方法：从测试开始（加水）到曲线最大黏稠度范围的水平线起点之间的时间 |
| 稳定时间 | 曲线的上边线第一次穿过最大黏稠度中心线到第二次穿过最大黏稠度中心线所用的时间（即在最大黏稠度中心线上面的扇形曲线所用的时间，min）<br>如果面团的最大黏稠度（曲线中心点）没有正好落在 500 FU 线上，则用此值替代"500"来确定其与曲线的交叉点<br>如果采用瑞士评价方法，稳定时间为面团达到最大黏稠度后持续不下降的时间 |
| 弱化度 | 根据 ICC 标准，弱化度是指面团达到最大黏稠度 12 min 后的软化程度，即面团最大黏稠度（形成时间的曲线中心点）与 12 min 后曲线中心点的差值 |
| 粉质仪质量指数 | 质量指数规定了面团在最大黏稠度后下降 30 FU 的点（曲线中心点）<br>从加水搅拌开始到这一点的距离就是粉质仪质量指数，用 mm 表示。<br>粉质仪质量指数是一个反映面粉质量的指标<br>弱筋粉：面团软化早、软化速度快，粉质仪质量指数低<br>强筋粉：面团软化迟、软化速度慢，粉质仪质量指数高 |

## 五、实验作业

选用强筋、中筋和弱筋小麦面粉进行测定，比较品种间面团流变学特性的差异并分析原因。

## 六、参考文献

中华人民共和国国家质量监督检验检疫总局，中国国家标准化管理委员会. 2006. 小麦粉 面团的物理特性吸水量和流变学特性的测定 粉质仪法：GB/T 14614—2006[S]. 北京：中国标准出版社.

# 实验八　小麦淀粉糊化特性的测定——快速黏度分析仪法（RVA 法）

## 一、实验目的

1. 了解快速黏度分析仪（RVA）的操作方法和步骤。
2. 掌握小麦淀粉糊化特性测定方法及数据分析方法。

## 二、实验原理

在规定的测试条件下，试样的水悬浮物在加热和内源性淀粉酶的协同作用下逐渐糊化（淀粉的凝胶化）。此种变化由快速黏度分析仪连续监测。根据所获得的黏度变化曲线（糊化特性曲线，图 9-8-1），即可确定其糊化温度、峰值黏度、低谷黏度、最终黏度并计算其衰减值和回生值等特征数据。

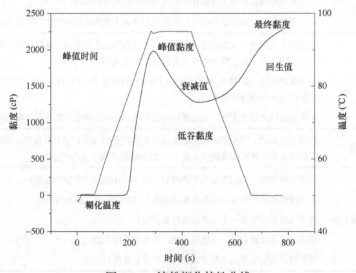

图 9-8-1　淀粉糊化特性曲线

## 三、实验用品

**1. 材料**　淀粉、面粉和全麦粉。

**2. 仪器与用具**　快速黏度分析仪（RVA）（配有专用样品筒、搅拌器和控制软件的计算机）、天平（感量 0.01 g）等。

**3. 试剂**　水等。

## 四、实验步骤

（1）仪器准备及调整。接通冷凝管，开电脑，开 RVA。启动软件，调零，预热 30 min。

（2）称样及制备面团。量取 25.0 ml±0.1 ml 水移入干燥洁净的样品筒中，准确称取 3.00 g±0.01 g 淀粉或 3.50 g±0.01 g 小麦面粉或 4.00 g±0.01 g 全麦粉。

（3）测定。把试样转移到样品筒中，将搅拌器置于样品筒中并上下快速搅动 10 次，使试样分散。若仍有试样团块留存在水面上或黏附在搅拌器上，可重复此步骤直至试样完全分散。已悬浮试样的放置时间不能超过 1 min。测试过程由电脑程序控制，按规定程序进行，测试结束，仪器自动弹出样品筒。

（4）结果计算。同一个样品做两次试验。峰值黏度、低谷黏度、最终黏度、衰减值和回生值单位以厘泊（cP）或快速黏度分析仪单位（RVU）表示，其中 1 RVU＝12 cP，测定结果保留整数。以双试样测试的峰值黏度平均值报告测试结果。若试样测定值与平均值的相对偏差大于 5%，则应重新做双试样测试。

## 五、实验作业

选用不同淀粉含量的小麦面粉进行测定，比较品种间面粉糊化特性的差异并分析原因。

## 六、参考文献

中华人民共和国国家质量监督检验检疫总局，中国国家标准化管理委员会. 2010. 小麦、黑麦及其粉类和淀粉糊化特性测定快速黏度仪法：GB/T24853—2010[S]. 北京：中国标准出版社.

# 实验九　小麦粉面筋含量的测定

## 一、实验目的

1. 掌握面筋仪的操作方法。
2. 了解面筋形成的原理，学习干湿面筋含量、面筋指数的测定方法。

## 二、实验原理

湿面筋是自小麦粉中获得的一种主要由麦胶蛋白质和麦谷蛋白质组成的具

有弹塑性的胶状水合物。小麦粉样品用氯化钠缓冲溶液制成面团，静置一段时间以形成面筋网络结构，再用氯化钠缓冲溶液洗涤并分离出面团中淀粉、糖、纤维素及可溶性蛋白质等，再除去多余的洗涤液，剩余胶状物质即为湿面筋。

## 三、实验用品

**1. 材料**  小麦粉/面粉。

**2. 仪器与用具**  面筋仪、面筋离心机、面筋烘干机等。

**3. 试剂**  氯化钠缓冲溶液（20 g/L，200 g 氯化钠溶于水中，用水稀释至 10 L）、碘-碘化钾溶液（称取 1.27 g 碘和 2.54 g 碘化钾，用水溶解后再加水至 100 ml，用于检查淀粉是否洗净）等。

## 四、实验步骤

（1）仪器准备及调整。制备面团的时间为 20 s，洗涤时间为 5 min。将洗涤皿清洗干净。垫上筛网，用少许氯化钠缓冲液润湿筛网，放好接液杯。

（2）称样及面团制备。称取 10.00 g±0.01 g 小麦粉样品放入面筋仪的洗涤皿中，轻轻晃动洗涤皿使样品分布均匀。加入氯化钠缓冲溶液 4.6~5.2 ml，将洗涤皿放置面筋仪固定位置上，启动仪器，搅拌 20 s 和成面后自动进行洗涤。

（3）面团洗涤。仪器自动按 50~56 ml/min 的流量用氯化钠缓冲溶液洗涤 5 min 后停机，卸下洗涤皿，每个样品需用氯化钠溶液 250~280 ml。注意观察排出液体清澈度，用碘化钾溶液可排查排出液是否还有淀粉。将上述洗出的面筋，在自来水水流下洗涤 2 min 以上。洗涤全麦粉面筋须适当延长。

（4）离心称重。将洗涤完全的湿面筋用金属镊子从洗涤皿中取出，将面筋分成大约相等的两份，轻轻压在离心机的筛盒上，启动面筋离心机，离心 60 s，离心后用药勺将通过网孔的面筋刮下来，分别称重。然后将两部分揉在一起并在面筋烘干器上烘干，待烘干完全后，称量干重。

（5）清洗仪器。每天实验结束后，须用蒸馏水洗涤仪器。

（6）结果计算。

$$干面筋含量 = \frac{干面筋（m_1）}{面粉重量（m）} \times 100\%$$

$$湿面筋含量 = \frac{湿面筋（m_2）}{面粉重量（m）} \times 100\%$$

面筋指数 = 离心未过筛湿面筋（$m_3$）/总湿面筋（$m_2$）

## 五、实验作业

选用不同蛋白质含量的小麦面粉进行测定，比较品种间面筋含量和面筋指数的差异。

## 六、参考文献

中华人民共和国国家质量监督检验检疫总局，中国国家标准化管理委员会. 2008. 小麦和小麦粉面筋含量第2部分：仪器法测定湿面筋：GB/T5506. 2—2008[S]. 北京：中国标准出版社.

# 实验十　棉籽脂肪含量和脂肪酸组分的测定

## Ⅰ. 脂肪的提取及测定（索氏抽提法）

## 一、实验目的

学习索氏抽提器的使用原理，掌握脂肪的提取及测定方法。

## 二、实验原理

目前国内外普遍采用抽提法测定脂肪含量，其中索氏抽提法（Soxhlet extractor method）是公认的经典方法。根据脂肪能溶于有机溶剂的特性，用索氏抽提器以乙醚等对含脂肪样品进行反复蒸馏与回流，抽提样品中的脂肪。索氏抽提器工作原理是虹吸现象，当溶剂加热沸腾后，蒸汽通过连接管上升，被冷凝管冷凝为液体滴入提取管中。当液面超过虹吸管最高处时，即发生虹吸现象，溶液回流入提取瓶，将样品中的可溶物萃取至提取瓶（图9-10-1）。

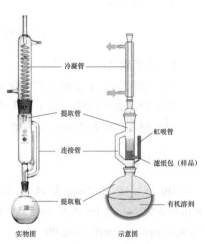

图 9-10-1　索氏抽提器实物图及示意图

## 三、实验用品

**1. 材料**　棉花种子。

**2. 仪器与用具**　研钵、滤纸、脱脂棉线、干燥器、样品筛（60目）、分析天平、镊子、索氏抽提器、水浴锅、烘箱等。

**3. 试剂**　乙醚或30～60℃沸程石油醚等。

## 四、实验步骤

**1. 样品制备** 先将棉籽去壳，棉籽仁于烘箱内烘干（105℃，1 h），取出置于干燥器中冷却。放在研钵粉碎，过 60 目筛，称取 2 g 左右（记录准确重量 $W_1$），置于滤纸中用脱脂棉线扎紧，称取重量 $W_2$。

**2. 脂肪的提取** 将装有样品的滤纸包放入已安装好的提取管中，向已烘干的提取瓶内注入约瓶体 1/2 的 30～60℃沸程的石油醚，连接好提取管和提取瓶后，向提取管中加入 30～60℃沸程石油醚至虹吸管高度的 2/3 处。将提取器的剩余各部分安装好，接通冷凝水。提取瓶于 50℃水浴中加热。抽提过程保持恒温，每分钟冷凝回滴的石油醚保持在 120～150 滴，约 10 min 回流一次，抽提总时间为 8～10 h。

**3. 抽提后处理** 抽提完毕，提高冷凝管，用镊子取出滤纸包。将滤纸包置于通风橱晾干，之后于 105℃烘箱烘干 1 h，取出置于干燥器冷却。称量滤纸包，重量记为 $W_3$。

**4. 结果计算**

$$脂肪含量 = \frac{W_2 - W_3}{W_1} \times 100\%$$

**5. 注意事项**

（1）滤纸包高度要低于虹吸管高度。

（2）冷凝管中冷凝水要下进上出。

（3）醚类物质挥发性强、易燃，实验时应注意通风，严禁明火。

## 五、参考文献

Hu W, Dai Z, Yang J, et al. 2018. The variability of cottonseed yield under different potassium levels is associated with the changed oil metabolism in embryo [J]. Field Crops Research, 224: 80-90.

## Ⅱ. 脂肪酸组分测定（气相色谱法）

## 一、实验目的

学习气相色谱柱分离化学物质的原理，了解气相色谱仪的基本构成及基本操作，掌握脂肪酸组分的测定和分析方法。

## 二、实验原理

种子油脂中的脂肪酸一般以甘油酯的形式存在，由于脂肪酸的沸点高而不易气化，因此可利用快速酯交换先将油脂中的脂肪酸甲酯化后进行气相色谱测定。含有混合脂肪酸的油脂样品通过进样口快速升温气化后被载气带入色谱柱，在适宜的条件下根据碳原子数或不饱和键的数目，各种组分得到分离，依其在分离柱中的保留时间而先后馏出，记录各自的色谱峰。用标准脂肪酸的保留时间作定性标准，然后按面积归一化法做定量计算。

## 三、实验用品

**1. 材料**　粉碎过筛的棉籽仁。

**2. 仪器与用具**　气相色谱仪、氢火焰离子检测器（FID）、水浴锅、移液枪、锥形瓶等。

**3. 试剂**　甲醇、氢氧化钠、三氟化硼（$BF_3$）、氯化钠、庚烷、脂肪酸甲酯标准品等。

## 四、实验步骤

（1）取样品 0.1 g，置于 50 ml 锥形瓶中，加 0.5 mol /L 甲醇-氢氧化钠溶液 2 ml，在 65℃水浴中加热 30 min，自然冷却。

（2）加 15 % $BF_3$-甲醇溶液 2 ml，于 65℃水浴中加热 30 min，自然冷却。

（3）加庚烷 4 ml，于 65℃的水浴中加热 5 min，自然冷却。

（4）加饱和氯化钠溶液 10 ml，摇匀，静置使分层。

（5）吸取上清于样品瓶中，按照以下色谱条件进行上样测定。

（6）色谱条件见表 9-10-1。

**表 9-10-1　测定脂肪酸组分的色谱条件**

| 项目 | 具体条件 |
| --- | --- |
| 检测器 | GC-FID |
| 色谱柱 | Rtx-WAX 柱（30 m×0.25 mm，色谱柱填料直径为 0.15 μm） |
| 分流比 | 50 : 1 |
| 进样量 | 1 μl |
| 进样口温度 | 260℃ |
| 载气 | 氮气 |
| 柱头压力 | 230 kPa 恒压（50℃，33 cm/s） |
| 柱箱温度 | 50℃升到 175℃（每分钟 25℃），停留 5 min，继续升到 230℃（每分钟 4℃） |
| 检测器温度 | 270℃ |

（7）结果计算。以保留时间定性，以面积百分比法定量。

$$Y_i = \frac{A_i}{\sum A_i} \times 100\%$$

式中，$Y_i$ 为样品中某个脂肪酸占总脂肪酸的百分比；$A_i$ 为第 $i$ 个组分的面积；$\sum A_i$ 为 $i$ 个组分所有峰面积之和。

**注意事项**

（1）气相色谱仪的操作要严格按步骤进行。

（2）上样前待测液体应滤去其中的颗粒性杂质和其他物质，防止堵塞色谱柱。

## 五、实验作业

选用不同脂肪含量的棉籽进行测试，比较品种间脂肪含量和脂肪酸组分的差异。

## 六、参考文献

Hu W, Dai Z, Yang J, et al. 2018. The variability of cottonseed yield under different potassium levels is associated with the changed oil metabolism in embryo [J]. Field Crops Research, 224: 80-90.

# 实验十一　棉纤维品质指标检测技术

## 一、实验目的

图 9-11-1　USTER® HVI MF100
大容量纤维测试仪

学习 USTER® HVI MF100 大容量纤维测试仪（图 9-11-1）的测试原理、测试系统和测试项目，掌握仪器的操作方法和各测试指标的概念，并掌握棉纤维长度、强度、马克隆值的测试方法。

## 二、实验原理

USTER® HVI MF100 大容量纤维测试仪可以测试棉纤维的长度（多项指标）、断裂比强度、断裂伸长率、马克隆值等指标。

**1. 长度/强力测试原理**　　纤维沿长度方向被梳夹随机夹持，排列在梳夹上，构成棉须。光学系统从根部至梢部扫描棉须，根据透过棉须的光通量变化，获得精确的照影仪曲线，计算出各长度指标。

（1）50%、2.5%跨距长度：仪器扫描起点的纤维量作为 100%，当扫描到的纤维量相当于起点纤维量的 50%、2.5%时所对应的长度。

（2）上半部平均长度（UHML）：在照影仪曲线中，从纤维数量 50%处作照影曲线的切线，切线与长度坐标轴相交点所显示的长度值。上半部平均长度与手扯长度和罗拉主体长度接近。我国仪器化检验规定主要检验上半部平均长度和长度整齐度指数。

（3）平均长度（ML）：在照影仪曲线中，从纤维数量 100%处作照影仪曲线的切线，切线与长度坐标轴相交点所显示的长度值。

（4）长度整齐度指数（UI）：平均长度和上半部平均长度的百分比。该数值越高，表示棉花长度整齐度越好。

长度测试后，一对夹持器在试样棉束的某一部位以 3.2 mm 隔距夹持纤维，按指定方式进行拉伸，获得负荷-伸长曲线，测得断裂比强度和断裂伸长率（纤维断裂比强度是通过测量最大力值和估算断裂纤维的重量来计算。断裂伸长率直接由纤维最大断裂负荷时样品夹头间的位移确定）。测量结束后，梳架弹出。

纤维束的遮光量由光学系统确定，断裂负荷由力传感器检测。夹持器钳口处纤维遮光量与纤维束（梳夹上被夹持、拉断的一部分纤维束）重量成正比，与纤维的马克隆值有关。不同马克隆值的纤维透光量不同，需要加入马克隆值因素系数进行校正，因此，用 USTER® HVI MF100 测试纤维长度、强力之前，需要先测试马克隆值。

**2. 马克隆值测试原理**　　根据气流仪的基本原理，将预定重量的松散棉样放入试样筒，压缩到固定的体积，施用恒定压力的压缩空气通过棉样，测得纤维集合体的渗透流的阻力，或使用恒定流量的空气流过纤维集合体测得气流的压差，折算为马克隆值。

## 三、实验用品

**1. 材料**　　原棉实验样品 50 g、校准棉样（HVICC）。

**2. 仪器与用具**　　USTER® HVI MF100 大容量纤维测试仪（放于恒温恒湿实验室）。

## 四、实验步骤

**1. 取样**　　打开恒温恒湿实验室的恒温恒湿系统，待室内环境维持在标准大气条件下（温度为 20℃±2℃，相对湿度为 65%±3%）时，将待测棉花样品放入室内，平衡 48 h，平衡后的样品回潮率应为 6.5%～8.8%。每个棉花样品至少测定 2 次，每次测定需棉花 25 g 左右，共需棉纤维 50 g 左右。

**2. 仪器的校准**

（1）开机，仪器预热 0.5 h，以使电子元件性能稳定。

（2）选择长、短两个已确定马克隆值的具有上半部平均长度、长度整齐度、断裂比强度和断裂伸长率标定值的校准棉样（HVICC），使定值足以覆盖测试范围。

（3）从显示屏显示的菜单中选定"长度/强力校准"程序。

（4）按照显示指令，输入校准棉样（HVICC）的标定值，按仪器程序软件执行校准。

（5）进入测试程序，对每个样品做一组试样的测定以验证校准情况，使实验室校准棉样的实测值符合要求。

**3．测定**

（1）从实验室样品中取出 25 g 样品作为试验试样，除去明显的、大块非纤维物质，分为两部分，一部分称取 10 g±0.05 g 样品，拉松试样纤维供测定马克隆值，剩余部分拉松供测定长度和比强度。

（2）从显示屏显示的菜单中选择"完整测量"。

（3）将测定长度和比强度的样品放在取样器上，根据程序提示进行操作。此时，取样臂压迫样品，使棉纤维通过取样器；空梳夹在取样器下方移动，棉纤维进入梳夹，在梳夹上生成一排棉纤维束；梳夹上的纤维束经分梳器分梳和毛刷梳理，平行伸直；带有平直纤维束的梳夹自动置入长度/强力模块进行测试。

（4）根据显示屏提示，将马克隆值供试棉样塞入仪器马克隆值模块的样品筒内，盖上盖板。

（5）仪器自动进行测定，测定结束后，测定值、其他相关信息以及下次测试的指令均显示在显示屏上。点击按钮"下一次测试"开始新的测定。

**4．仪器维护**

（1）每天利用吸尘器对仪器内外进行清洁处理。注意吸尘时不要靠近电子元件。

（2）清洁真空箱内的棉花，清洁真空箱内金属网及滤网。注意过滤网的安装方向。清洁电源箱上及电脑后的风扇过滤网。

**5．注意事项**　　全部计算、修约由仪器内部可编程微处理器执行。马克隆值读数精确到一位小数。平均长度和上半部平均长度以毫米（mm）为单位，保留到一位小数。长度整齐度指数保留到一位小数。断裂比强度保留到一位小数，断裂伸长率取一位小数的百分率。

# 五、实验作业

1．USTER® HVI MF100 测定棉纤维长度、强度、马克隆值的测试原理是什么？需要用到哪些测试模块？

2．影响棉纤维品质测定的因素有哪些？

# 七、参考文献

USTER® HVI MF100 大容量棉花测试仪操作指南（2013）。

# 实验十二　游离棉酚含量的测定

## 一、实验目的

学习液相色谱分离化学物质的原理，了解液相色谱仪的基本构成及基本操作，掌握游离棉酚含量的测定和分析方法。

## 二、实验原理

游离棉酚是指在棉仁组织中呈游离状态存在的棉酚，对人畜具有毒性。游离棉酚易溶于有机溶剂，因此样品中的游离棉酚可经丙酮提取后利用高效液相色谱法检测。

## 三、实验用品

**1. 材料**　棉花种子。

**2. 仪器与用具**　美国安捷伦公司100型高效液相色谱仪（配置紫外检测器）、超声波清洗器、0.45 μm微孔滤膜、50 ml容量瓶、色谱柱ODS-C18等。

**3. 试剂**　丙酮、甲醇、体积分数1%的磷酸、棉酚标准储备液（100 μg/ml）等。

## 四、实验步骤

**1. 样品制备**　将棉籽脱壳取仁，捣碎并过60目筛，取0.1 g置50 ml容量瓶中以丙酮稀释定容，振摇后静置1 h，超声45 min，静置片刻，取上清液经0.45 μm微孔滤膜过滤，即为试样液。

**2. 色谱条件**　按照以下色谱条件进行上样测定（表9-12-1）。

表9-12-1　测定游离棉酚含量的色谱条件

| 项目 | 具体条件 |
| --- | --- |
| 色谱柱 | ODS-C18（4.6 mm×200 mm，5 μm） |
| 进样量 | 10 μl |
| 柱温 | 25℃ |
| 流动相 | 甲醇∶磷酸溶液＝85∶15 |
| 流速 | 1.0 ml/min |
| 检测波长 | 235 nm |

**3. 标准曲线的制备**　精密吸取0.2 ml、1.0 ml、1.5 ml、2.0 ml、3.0 ml、3.5 ml棉酚标准储备液（100 μg/ml）分别于10 ml棕色容量瓶中，用丙酮定容，

该溶液相当于 2 µg/ml、10 µg/ml、15 µg/ml、20 µg/ml、30 µg/ml、35 µg/ml 的系列质量浓度，经 0.45 µm 微孔滤膜过滤。同样品上样测定步骤一致。以质量浓度为横坐标、峰面积为纵坐标作图，得回归方程为标准曲线。

**4. 结果计算**

$$棉酚（µg/g）= \frac{C \times V}{W}$$

式中，$C$ 为从标准曲线查到的样品提取液中棉酚的质量浓度（µg/ml）；$V$ 为样品提取液总体积（ml）；$W$ 为样品重（g）。

**5. 注意事项**

（1）棉酚具有遇光、热易氧化的特性，操作过程中需注意避光。

（2）流动相必须用 HPLC 级的试剂，使用前过滤除去其中的颗粒性杂质和其他物质。试验结束后用溶解样品的溶剂清洗进样器。

## 五、实验作业

了解棉籽游离棉酚的测定方法，测定棉籽中游离棉酚含量。

## 六、参考文献

中华人民共和国国家卫生和计划生育委员会. 2014. 食品安全国家标准植物性食品中游离棉酚的测定：GB5009.148—2014[S]. 北京：中国标准出版社.

栾姝, 孟磊, 孙莲, 等. 2010. 高效液相色谱法测定棉籽仁中棉酚的含量[J]. 食品科学, 31（4）：198-200.

# 第十章　作物幼苗材料培养

## 实验一　几种水稻育秧技术的比较

### 一、实验目的

1. 了解不同水稻育秧技术的操作方法和步骤。
2. 掌握不同水稻育秧技术的特点和适用范围。

### 二、实验原理

通过不同育秧技术的工艺流程给种子萌发、秧苗繁育以最适宜的生长条件，使秧苗生长均匀、健壮、整齐，达到水稻育秧的规模化要求。

### 三、实验用品

1. **材料**　水稻种子。
2. **仪器与用具**　育秧硬盘、育秧基质、稻壳衬料无纺布等。
3. **试剂**　水、浸种剂等。

### 四、实验步骤

#### （一）机插水稻微喷育秧技术

**1. 种子准备**　种子采用药剂浸种和脱水方法处理，浸种前择晴天晒种 2～3 d，增强种子活力。浸种时先用清水淘洗，挑出空瘪粒，然后按照植保部门主推的浸种药剂在常温（25℃）下浸足 48 h，随后催芽至 80% 以上的种子露白，将种子摊晾至种子不粘连即可。

**2. 物资准备**

（1）育秧基质。选用腐熟基质：底铺 1.5～1.8 cm，盖籽 0.5～0.8 cm，每盘用量 3200～4200 cm³。

（2）硬盘。常规粳稻每亩大田备足硬盘 25 张，规格为 58 cm×28 cm×3 cm，宜选用底孔为圆孔的合格硬盘。

（3）无纺布。每亩秧田备足水稻育秧专用无纺布长×宽规格为 360 m×160 cm。

（4）浸种剂。按植保部门指定药种及用量准备，预防恶苗病和干尖线虫病等传病害。

**3. 育秧场地准备**

(1) 秧床选择。软地育秧应选择土地平整、排灌通畅、相对集中、运输便利的田块作秧床；硬地育秧直接选择平整的水泥场等硬地作秧床。

(2) 秧田面积。根据移栽大田面积，软地育秧按照秧与大田 1：（110～130）的比例配置秧田，硬地育秧按照秧与大田 1：（130～140）的比例合理配置秧田。

(3) 苗床整地。软地秧池整地可采用干整法或水整法。干整法即干整干平再上水，干整法通气式秧田须在元旦前制备到位。水整法应在播种前 15～20 d 上水旋扎、验平，待土壤沉实后再做秧板。硬地育秧视具体情况清理平整场地，达到育秧操作要求。

(4) 秧板制作。软地秧池育秧大田比为 1：（110～130）；秧板宽 2.9 m，秧沟宽 25 cm，深度为 15 cm；围沟宽 30 cm，深度为 25 cm。

(5) 微喷灌系统架设。采用地插式旋转微喷头进行喷灌时，沿秧板纵向布设喷头，间距为 2.6 m，每亩用喷头 95 个左右；采用悬挂式旋转微喷头进行喷灌时，喷头置于秧盘架上方中间 45～75 cm 处，间隔 2.2 m，并根据喷头最大水流量配备相应水泵。

**4. 播种程序**

(1) 铺基质。调节播种流水线上的基质料出口，使底料基质装盘厚度为 1.5～1.8 cm。

(2) 浇水。调节播种流水线的喷水量，浇足底水，以基质饱和但水不溢出秧盘底孔为原则，确保暗化期间水分充足。

(3) 精量播种。要求秧苗均匀度≥85%，空穴率≤5%，伤种率≤0.5%，床土播量稳定性变异系数≤5%，吸水量稳定性变异系数≤10%。选用主推的高产、优质、稳产品种，常规粳稻每张秧盘的芽播种量控制在 150～160 g。机械播种通过调节播种滚轮的转速，使盘内一般 4 cm² 上落谷 10 粒种子为宜。

(4) 盖籽。调节播种流水线上的盖籽基质料出口，使盖籽基质料厚度为 0.5 cm。

(5) 叠盘暗化催芽。流水线播种后，将秧盘重叠堆置于室内，可以覆盖黑色薄膜，堆置高度为 20～40 张硬盘；秧盘的排放务必做到垂直、整齐，盘堆要大小适中，堆与堆之间留出一定空间，避免高温伤芽；堆置 2～3 d 暗化催苗，待80%芽苗露出土面 0.5 cm 左右即可。如所用基质保水性差，要适当减少暗化时间。

(6) 摆盘。晴天，应在上午 9:00 之前，下午 3:30 之后摆盘，中午前后日光强烈不宜摆盘，以免光害伤苗。摆盘时秧盘长边应与秧板短边平行，每行两张秧盘，边与边靠紧，平铺于秧板上。摆放后，一次喷足水。

(7) 覆盖。摆盘、喷足水后，应及时将白色无纺布居中覆盖喷水，四周用土块压实。

**5．秧田管理**

（1）水分管理。为使整个苗期保持基质湿润，一般每天早晚各浇一次水。基质水分含量不宜超过 80%，水分过多时，应停止喷水，使基质表面见白。

（2）防治病虫害。根据植保部门防治意见，做好秧田期条纹叶枯病、立枯病、稻瘟病、灰飞虱、稻蓟马、螟虫等病虫害的防治工作。

（3）揭布。在秧龄 2 叶左右时，应揭开无纺布，打药防病治虫，炼苗促壮。

（4）起运秧。当苗龄达到要求时进行移栽，移栽前应适当减少喷水时间，减轻秧苗重量。同时保持秧床硬度，以利于取秧、运秧。取秧时，将秧苗根系朝外卷起装车，堆放层数以 3～4 层为宜，最多不超过 6 层。靠近大田的可将秧苗卷起后，人工运送至大田。

## （二）水稻机插水卷苗育秧技术

**1．种子准备**　　选用高产、优质、抗逆性好、综合性状优良的水稻主导品种。后边步骤见（一）机插水稻微喷育秧技术中 1.种子准备。

**2．物资准备**

（1）水卷苗育秧营养液。根据水稻水培育秧营养液及其制备方法（李刚华等，2014），正确配制水卷苗育秧营养液进行水培育秧。

（2）敷衬料。准备稻壳等不易发酵的物质作为衬料。

（3）无纺布。每亩秧田备足水稻育秧专用无纺布长×宽规格为 360 m×160 cm。

（4）浸种剂。按植保部门指定药种及用量准备，重点防好灰飞虱、稻蓟马、稻象甲、螟虫等。

**3．育秧场地准备**

（1）秧床选择。软地育秧应选择土地平整、排灌通畅、相对集中、运输便利的田块作秧床；硬地育秧直接选择平整的水泥场等硬地作秧床。

（2）秧田面积。根据移栽大田面积，软地育秧按照秧与大田为 1∶（110～130）的比例，硬地育秧按照秧与大田 1∶（130～140）的比例合理配置秧田。

（3）平装秧床。调平秧床并蓄水 1 cm。

**4．播种程序**

（1）铺敷衬料。使用简易播土机均匀铺撒 1 cm 左右稻壳等不易发酵的物质作为衬料，并喷水浸透。

（2）铺支撑质。在湿水衬料上平展铺设低密度亲水无纺布作为水稻扎根支撑介质。

（3）均匀播种。使用简易播种机在湿润无纺布上均匀播撒谷芽，播量同常规，即常规粳稻播干种子 620g/m$^2$ 左右、杂交稻 310g/m$^2$ 左右。

（4）暗化催芽。在完成播种后的苗床上盖无纺布或遮阳网等遮光暗化60℃·d。

（5）营养水培。育秧期间全程使用微喷灌系统进行水肥管理，1叶前喷洒清水，1叶期及以后使用水卷苗育秧营养液常规喷灌。

## （三）穴盘育秧技术

**1. 种子准备**　　要经晒种、脱芒、选种、药剂浸种至种子露白发芽。

**2. 物资准备**

（1）育秧盘。现行穴盘每盘352孔，按每亩抛秧兜数准备育秧盘数。亩抛2万穴的，每亩需57盘；抛1.5万穴的，需43盘。穴播育苗的常有缺穴，按80%成秧率计算，需比抛秧的增加25%的秧盘。

（2）床土。要经粉碎、过筛、培肥、土壤调酸和灭菌。

（3）无纺布。每亩秧田备足水稻育秧专用无纺布长×宽规格为360 m×160 cm。

（4）浸种剂。按植保部门指定药种及用量准备，预防恶苗病和干尖线虫病等传病害。

**3. 育秧场地准备**

（1）软地秧池：整地可采用干整法或水整法。干整法即干整干平再上水。水整法应在播种前15～20天上水旋扎、验平，待土壤沉实后再做秧板。

（2）硬地秧池：清理平整场地，达到育秧操作要求。

**4. 播种程序**　　装土和精细播种。装土可在室内预先进行。每盘需用营养土1.5 kg，先装至孔深的2/3。抛秧的可用人工匀播，每穴平均3～5粒种谷，成苗2～4株，以利于根系相互盘结，保证抛秧不散兜。单苗播种的要用专门的打孔播种板。播后撒营养土盖籽，将孔盖平。

**5. 秧田管理**

（1）秧田管理。齐苗后注意揭膜炼苗（方法同机插秧），要保持秧板湿润。每次灌水至秧盘底部1/2处。一叶一心期看苗色施好断奶肥，每亩秧田尿素10 kg（由于营养土中已掺拌复合肥和壮秧剂，一般情况下不施断奶肥）。

（2）病虫害防治。同实验（一）机插水稻微喷育秧技术中5.（2）。

（3）重施送嫁肥。利用带土移栽的有利条件，在移栽前一天每公顷施尿素30 kg（每盘5～6 g），带肥移入大田，由于送嫁肥集中在秧苗根部，移入大田后即被稀释在根四周，不会造成烧苗，却发挥了集中供肥、提高肥效的显著作用。据南京农业大学水稻栽培实验室测定，每亩秧田施30 kg送嫁肥，折合每亩大田只有0.67 kg，但能发挥每亩大田施10 kg尿素的作用。施用送嫁肥时要注意秧田排干水、秧板不能有积水。

### （四）湿润秧育秧技术

**1. 种子准备**　根据当地气候条件，浸种前择晴天晒种 1～2 d，增强种子活力。随后采用比重法选种，盐水比重为 1.06～1.12，清除空秕粒、病粒。浸种时使用植保部门主推的浸种药剂，浸种总积温为 60℃·d～80℃·d。待浸种完毕后对种子进行高温催芽，当露白率达到 90%时再置于阴凉处摊晾 4～6 h。

**2. 物资准备**

（1）秧盘。根据育秧方式选择软盘或硬盘，每亩大田常规粳稻备 20～28 张，杂交稻备 13～20 张。

（2）农膜。每亩大田备 2 m 幅宽的盖膜约 4 m。

（3）稻草。每 1 m² 秧田，备干稻草约 0.6 kg。

**3. 育秧场地准备**

（1）床土选择。选择排灌方便、土质松软、背风向阳、肥力较好、杂草较少、无病源、酸性土壤作为育秧田。

（2）床土加工。对床土进行粉碎、过筛、培肥、土壤调酸和灭菌过程。

（3）秧床制作。播种前 3～5 d，进行苗床整理，开 50 cm 深的沟，秧床宽在 1.6 m 以上，要精细平整秧床面。

**4. 播种程序**

（1）铺秧盘。每块秧板横排两行，依次平铺。

（2）铺土。厚度在 2～2.5 cm，表面平整，播种前洇足底土水。

（3）播种量。每盘播芽谷常规粳稻 120～150 g、杂交稻 80～120 g。

（4）覆土。覆土厚度在 0.3～0.5cm，以盖没种子为准，覆土无需培肥，盖膜后，放适量稻草，保温遮光，膜内温度应控制在 28～35℃。

**5. 秧田管理**

（1）揭膜炼苗。齐苗后，第一叶抽出 8～10 mm 时揭膜炼苗。要求：晴天傍晚揭，阴天上午揭；小雨雨前揭，大雨雨后揭。若揭膜时温度过低可适当推迟揭膜时间。

（2）水分管理。揭膜当天补一次足水，而后缺水补水，保持床土湿润，不应干而发白，秧苗晴天中午也不应卷叶。移栽前 2～3 d 排水，控湿炼苗，促进秧苗盘根，增加秧块拉力，便于卷秧与机插。

（3）追肥。可根据床土肥沃情况和秧苗生长状况控制追肥。

（4）病虫害及杂草防治。同实验（一）机插水稻微喷育秧技术中 5.（2）。

## 五、实验作业

1. 填写实验观察记录表（表 10-1-1）。

### 表 10-1-1　水稻育苗实验观察记录表

| 项目 | 实验及长势 | | 增长幅度及变化 | 备注 |
| --- | --- | --- | --- | --- |
| | 技术 1 | 技术 2 | | |
| 播种时间 | | | | |
| 出苗时间 | | | | |
| 出苗率 | | | | |
| 株高 | | | | |
| 主根长及须根数量 | | | | |
| 叶色及叶厚 | | | | |
| 种子胚乳消失时间 | | | | |

2．简述每种水稻育苗技术的优势和劣势。

## 六、参考文献

金军，魏广彬，李伟海，等．2016．机插水稻微喷灌硬盘基质集中育秧技术规程[J]．中国稻米，22（4）：81-83．

李刚华，于林惠，侯朋福，等．2012．机插水稻适宜基本苗定量参数的获取与验证[J]．农业工程学报，28（8）：98-104．

李刚华，丁艳锋，王绍华，等．2014-07-02．水稻水培育秧营养液及其制备方法：ZL201110457967. 9[P]．

凌启鸿．2007．水稻精确定量栽培理论与技术[M]．北京：中国农业出版社．

Lei W S, Ding Y F, Li G H, et al. 2017. Effects of soilless substrates on seedling quality and the growth of transplanted super japonica rice[J]. J Integr Agr, 16: 1053-1063.

Li Y X, He Z Z, Li X C, et al. 2016. Quality and field growth characteristics of hydroponically grown long-mat seedlings[J]. Agron J, 108: 1581-1591.

# 实验二　小麦幼苗的溶液培养方法

## 一、实验目的

1．掌握溶液培养的方法。
2．了解溶液培养法在科研工作中的重要性。

## 二、实验原理

溶液培养法又称水培法，是在含有全部或部分营养元素的溶液中栽培植物的方法。植物的生长除了要满足光、温度、水、气等条件外，还离不开土壤，土壤中含有植物生长所需的各种矿质元素。溶液培养是指在满足植物的光、温度、水、气等条件下,用含有植物生长必需的适宜浓度的矿质元素溶液代替土壤来培养植物。采用溶液培养,可避免土壤及环境中的复杂因素影响,有利于提高研究效果。例如,在完全培养液中去除某一种矿质元素对植物进行培养就是缺素培养,可以确定某元素在植物生长发育中的生理功能。

## 三、实验用品

**1. 材料**　　小麦幼苗。

**2. 仪器与用具**　　天平、pH计、泡沫板、海绵、周转箱、容量瓶等。

**3. 试剂**　　$Ca(NO_3)_2 \cdot 4H_2O$、$KNO_3$、$MgSO_4 \cdot 7H_2O$、$KH_2PO_4$、$H_3BO_3$、$MnCl_2 \cdot 4H_2O$、$CuSO_4 \cdot 5H_2O$、$ZnSO_4 \cdot 7H_2O$、$FeSO_4 \cdot 7H_2O$、EDTA-$Na_2$、$H_2MoO_4 \cdot H_2O$、蒸馏水等。

## 四、实验步骤

**1. 大量元素配制**　　大量元素配制见表10-2-1。

表 10-2-1　　大量元素配制表

| 营养盐 | 营养液浓度(g/L) | 母液浓度(g/L) | 浓缩倍数 |
|---|---|---|---|
| $Ca(NO_3)_2 \cdot 4H_2O$ | 1.18 | 236 | 200 |
| $KNO_3$ | 0.51 | 102 | 200 |
| $MgSO_4 \cdot 7H_2O$ | 0.49 | 98 | 200 |
| $KH_2PO_4$ | 0.14 | 27 | 200 |

微量元素及Fe-EDTA贮备液的配制如下所述。

(1)微量元素贮备液:称取$H_3BO_3$ 2.86 g,$MnCl_2 \cdot 4H_2O$ 1.81 g,$CuSO_4 \cdot 5H_2O$ 0.08 g,$ZnSO_4 \cdot 7H_2O$ 0.22 g,$H_2MoO_4 \cdot H_2O$ 0.09 g,溶于1 L蒸馏水中。用时稀释1000倍。

(2)Fe-EDTA贮备液:5.57 g $FeSO_4 \cdot 7H_2O$和7.45 g EDTA-$Na_2$溶于200 ml蒸馏水中,加热EDTA-$Na_2$溶液,加入$FeSO_4 \cdot 7H_2O$,不断搅拌。冷却后定容到1 L,为贮备液。用时稀释1000倍。

**2. 营养液的配制**　　先根据培养器皿大小确定营养液的用量(ml),计算营养液中各母液需要添加量。在容量瓶中加入一定体积的水,再依次加入各母液,每加入一种母液前都要混匀,最后加水定容至刻度线,充分混匀。

每升营养液需加母液:$Ca(NO_3)_2$ 5 ml,$KNO_3$ 5 ml,$MgSO_4$ 5 ml,$KH_2PO_4$ 5 ml,EDTA-Fe 1 ml,微量元素1 ml。

**3. 幼苗的培育**　　将小麦种子消毒后在砂盘上播种,播种后,砂面铺滤纸,保持适宜的湿度,促进种子萌发,将砂盘放在人工气候箱中进行育苗,定期浇水,保证出苗所需湿润度。当出苗后幼苗一叶一心,根系伸长达5~7 cm时,可以进行定植。

**4. 幼苗移栽定植**　　配制营养液，调节 pH 为 6.8～7，定容后将营养液转至小周转箱中。裁剪泡沫板，大小和周转箱内径一致。在泡沫板中间打孔若干，选择生长一致的幼苗，用海绵把茎基部位裹住，然后将苗固定在泡沫板孔中（注意勿损伤根系），使整个根系浸入培养液中，周转箱上贴上标签，写明日期。

**5. 幼苗水培期间管理**

（1）通气。营养液中充足的氧气，可促进根系的生长和根对养分的吸收，前期可以通过添加少量过氧化氢或采用通气泵通入氧气。

（2）调节 pH。根系会不断分泌一些物质，改变溶液 pH，因此要经常测营养液的 pH，以确保在适宜范围内。

（3）营养液的更换。植物生长过程中不断消耗水分和养分，当植物长大后由于根系的伸长、营养液使用时间过长变质，因此要定期更换新鲜营养液，促进小麦幼苗的生长。

**6. 收获**　　实验结束，收获幼苗并进行相关形态和生理指标的测定，如幼苗生物量（地上部、根系的干重和鲜重）、叶绿素含量、单株叶面积、株高、根长等，并撰写实验报告。

## 五、实验作业

1. 总结小麦溶液培养的主要步骤。
2. 分析小麦幼苗培养存在的主要问题。

## 六、参考文献

李合生. 2010. 现代植物生理学[M]. 北京：高等教育出版社.

# 实验三　油菜育苗移栽技术

## 一、实验目的

1. 了解油菜育苗的过程。
2. 掌握油菜移栽的方法。

## 二、实验原理

油菜是我国重要的油料作物，长江流域是油菜的主产区，但该区油菜前茬作物收获往往较晚，茬口矛盾比较突出。油菜通过育苗移栽，可以做到适时早播，充分利用有利的生产季节，有效解决多熟制中油菜与前作的季节矛盾，实现一年多熟、平衡增产，有利于稻、油丰收。油菜移栽取苗时，可以剔除病、弱、杂苗，选用整齐一致的壮苗进行移栽，有利于提高群体质量，获取高产。

## 三、实验用品

**1. 材料**　　油菜种子。

**2. 设备与用具**　　苗床、锄头、铁锹等。

## 四、实验步骤

（1）苗床准备。选择背风向阳、地势平坦、土壤肥沃、未种十字花科作物的砂壤旱田（旱地）作苗床，苗床：大田为1：（5～6），施足基肥，耙细整平。

（2）选择良种。选择适合当地的高产优质抗逆的优良品种。苗床要上层松下层实，使根生长良好而入土不深，有利于起苗移栽时断根少，移栽后成活率高。

（3）适时播种，培育壮苗。长江中下游9月下旬播种育苗，黄淮区9月上旬播种育苗。甘蓝型播种量为0.5～0.7 kg/亩；白菜型适当加量；芥菜型适当减量（播种时可加少量草木灰或细土）。播种用细土覆盖不露籽，但厚度不宜超过2 cm。播种后用清水轻泼秧床面至湿润。

（4）苗床管理。间苗定苗：1片真叶时要及时间苗，做到苗不挤苗；2片真叶时定苗，做到叶不搭叶。追肥除草：在苗期进行第一次追肥，移栽前6～7 d施送嫁肥，注意除草。勤浇水排水，育苗期间注意防治叶面与地下害虫。

（5）适时移栽，合理密植。当油菜苗有6～7叶、苗龄在30～35 d时开始移栽。移栽时要做到"全、匀、深、直、紧"，大小苗分开匀栽，根部全部入土，苗根直，压紧土。取苗前浇足取苗水、多带附根土、边取苗边选苗、边取苗边移栽。移栽时行要栽直，根要栽正，棵要栽稳。油菜移栽后，及时浇足定根水。根据品种、地力、播期和菜苗素质的差异，确定适宜的种植密度。

## 五、实验作业

1. 总结油菜育苗移栽的主要步骤。

2. 分析油菜育苗移栽存在的主要问题。

## 六、参考文献

胡立勇，丁艳锋．2008．作物栽培学[M]．北京：高等教育出版社．

# 实验四　棉花育苗移栽技术

## 一、实验目的

1. 了解棉花营养钵育苗、穴盘育苗技术。

2．掌握棉花移栽技术要领。

## 二、实验原理

棉花栽培曾以直播为主，生产上常出现缺苗断垄但无法弥补的情况。棉花育苗移栽技术是中国棉花生产栽培技术的重大突破，在我国粮棉双增产中发挥了巨大作用。棉花育苗移栽可以延长棉花有效生育期，充分利用光能，易保全苗、保密度，解决了套种共生期争地矛盾，有利于实现优质高产。

我国棉花育苗移栽技术经过 70 多年的发展，陆续产生了多种方法，如营养钵育苗、营养块育苗、纸钵育苗、箱式育苗、方盘育苗、穴盘育苗、无土基质育苗、水浮育苗等。其中应用较广、影响较大、代表性较强的 2 种方式是营养钵育苗和穴盘育苗。

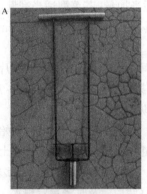

图 10-4-1　制钵器（A）和摆放整
齐的营养钵（B）

## 三、实验用品

**1．材料**　　棉花种子、插牌、细土、竹签等。

**2．仪器与用具**　　制钵器、塑料膜、无纺布、地膜、穴盘、遮阳网、塑料绳、砖块、苗床等。

**3．试剂**　　复合肥（氮、磷、钾含量各15%）、营养基质、多菌灵、辛硫磷等。

## 四、实验步骤

**1．营养钵育苗**

（1）设置苗床：苗床应在移栽田附近选择背风向阳、排灌方便的生茬地。

（2）营养钵制备：选择富含有机质、通气性良好、保水保肥能力强、没种过棉花的肥沃土壤。每 50 kg 土加 0.5 kg 复合肥（氮、磷、钾含量各15%）。制备营养钵前一天，给苗床上的土壤适量浇水，保持苗床湿润。在翻整好的苗床上均匀撒上薄薄一层蛭石，踩平整，然后用制钵器（图 10-4-1A）打出均匀一致的营养钵（图 10-4-1B），摆放整齐后用地膜和遮阳网遮盖，以防干透。肥料和药剂用量不宜过多，以免造成烧苗。

（3）播种：播种前对棉花种子进行晒种、消毒处理。选择晴天的上午，先将营养钵用水浇透，然后将 2 或 3 粒种子放于营养钵中，按土：多菌灵：辛硫磷＝24 kg：80 g：800 g 的比例（苗床面积为 1.2 m×8 m）均匀撒上混匀的药剂，然后覆盖 1～2 cm 厚的细土，少量洒水使覆上的细土湿润，不露出营养钵即可。盖上地膜后用竹签和塑料膜搭温棚架子，四周用砖头压紧，竹竿系上塑料绳固定，用于保湿保温，便于出苗。

（4）苗床管理：播种 3 d 后种子发芽，揭地膜，开棚通风，保持幼苗高度一致。为防止高脚苗，可在棉苗 1 叶 1 心时喷洒缩节胺，以使根粗壮，缩短返苗期。严格监测苗情，若出现虫害和病害，及时处理。苗期主要病害有红腐病、炭疽病、立枯病等，主要害虫有蚜虫、棉蓟马、棉叶螨等。若发现植株有病斑或 3 片真叶前有 10% 的卷叶、4 片真叶后有 5% 的卷叶，应及时防治。

（5）间苗：子叶平展后，每个营养钵留取长势较好的一棵棉苗，其余用剪刀剪断。切忌连根拔起，以免损伤留取棉苗的根部及营养钵。

**2. 穴盘育苗**（图 10-4-2）

（1）基质蓬松摊平后拌多菌灵（比例为 60 kg 基质配施 200 g 多菌灵），搅拌均匀后喷壶洒水润湿基质（标准为手握拳有水滴下，但不成股淌下）。

（2）将润湿后的基质装入穴盘，将基质铺平；用空育苗盘覆于其上按压，形成约 2 cm 深凹槽，播种（每穴 2 粒为宜）、上覆基质，平铺与穴盘边缘等齐。

图 10-4-2　穴盘育苗

（3）大棚的平坦地面上铺塑料薄膜（2.5 m 宽），将播种后的穴盘置于薄膜上，撒驱虫药毒死蜱（比例为 180 盘/2~3 袋，400 g/袋），盖无纺布（双层），均匀洒水到能看到无纺布上隐约有水为止。

（4）3～4 d 出苗，待苗顶到无纺布后揭去无纺布（水平向上拿起，勿拖拽，防止伤苗）。

（5）子叶展平后间苗，间苗方法同营养钵育苗。

（6）间苗后即可通风，一般在中午温度较高时通风，初始开一条缝，随通风天数增加开口逐渐加大。

**3. 棉花移栽**　棉苗长至三叶一心期时进行移栽。移栽前田间施用基肥，其中施氮（N）225kg/hm、磷（P$_2$O$_5$）100 kg/hm、钾（K$_2$O）225 kg/hm$^2$ 作底肥，每亩[①]施加硼砂 1 kg。高产示范田要适当增施肥料，特别是有机肥。同时确定好种植密度（一般每亩 4000～4500 株），在田间移栽的地方开坑，将带棉苗的营养钵

---

① 1 亩≈666.7m$^2$

摆正埋入，移栽后随即浇一次透水。

定植后要及时进行检查，发现有歪苗、死苗要及早扶正补齐。在管理上做到四抢，即抢灭茬松土、抢施肥、抢浇水、抢治虫。

**4. 注意事项**

（1）育苗过程中注重通风、防止高脚苗，注重病、虫害的防治。

（2）移栽要迅速且轻柔，以免伤到棉苗。

（3）播种和移栽浇水要浇透。

## 五、实验作业

1. 总结两种棉花育苗（营养钵育苗、穴盘育苗）技术的主要步骤。

2. 分析棉花育苗移栽中需要注意的问题。

## 六、参考文献

刘艺多. 1999. 棉花育苗移栽技术[M]. 北京：金盾出版社.

徐立华，张培通，杨长琴，等. 2009. 棉花育苗移栽新技术的发展及在生产中的应用[J]. 江苏农业科学，5：1-3.